空气之海漫游指南

[加] 克里斯托弗·杜德尼——著

小 庄——译

ZHEJIANG UNIVERSITY PRESS
浙江大学出版社

图书在版编目（CIP）数据

空气之海漫游指南 /（加）克里斯托弗·杜德尼著；小庄译 .—杭州：浙江大学出版社，2020.8

书名原文：18 MILES: The Epic Drama of Our Atmosphere and Its Weather

ISBN 978-7-308-20124-7

Ⅰ.①空… Ⅱ.①克… ②小… Ⅲ.①气象学—普及读物 Ⅳ.①P4-49

中国版本图书馆 CIP 数据核字（2020）第 049734 号

浙江省版权局著作权合同登记图字：11-2020-126

空气之海漫游指南

［加］克里斯托弗·杜德尼 著 小 庄 译

策　　划 杭州耕耘奇迹文化传媒有限公司
责任编辑 曲 静
封面设计 刘 军
出版发行 浙江大学出版社
（杭州市天目山路 148 号 邮政编码 310007）
（网址：http：// www.zjupress.com）
排　　版 刘龄蔓
印　　刷 杭州钱江彩色印务有限公司
开　　本 880mm × 1230mm 1/32
印　　张 8.375
字　　数 187 千
版 印 次 2020 年 8 月第 1 版 2020 年 8 月第 1 次印刷
书　　号 ISBN 978-7-308-20124-7
定　　价 48.00 元

引　言

阳光是美味的，雨是清新的，风支撑着我们，雪令人振奋；真没有所谓坏天气这种东西，只有各种各样的好天气。

——约翰·拉斯金

你永远也猜不到，其实我们生活在一个比一张纸还要平坦的世界里。把地球缩到篮球的大小，大气层就会只有一层食物包装纸那么薄。海洋也差不多。水和空气是我们存活的两个最关键要素，它们属于相对稀少的货品。我们就像生活在一层易消散的液体薄膜里的微生物，如果太阳把能量输出增加 15%，这层液体就会像晨露一样蒸发掉。

宇航员了解这一切。他们从空间站上可以看到，在大气层表面铺开的云的顶部就如同玻璃下的烟雾。回到那薄薄的空气毯之下对他们来说是一个真正的挑战。他们重返大气层的角度不能小于 5.3°，也不能大于 7.7°。太平的话会被弹回外太空，太陡的话又会被烧成碎片。

但这也只是一个比例问题。如果把地球表面当作观察点的话，就完全是另一回事了。天空似乎会永远延伸下去。当一轮残月在白天闪耀时，依我看来，它就像悬浮在我所呼吸的蓝色大气中一样。难怪伊卡洛斯[1]梦想着飞向太阳。无限浩瀚的云堆得比山还高，什么东西能装得下那广袤无垠的云山雾海呢？

对我们来说，大气层是一个无法预料的剧场，一个巨大、透明的舞台，其中上演着天空的戏剧。每一次日落都是一场光影秀，每一场风暴都是一部扣人心弦的惊悚片。天气会激发我们的情绪，有时似乎也是情绪的反映。对新婚夫妇来说，不会有比蜜月里的一个雨夜更浪漫的事了；又有多少哲学家曾沉思着走过寒风呼啸的街头？

当我还是个孩子的时候，风是一种情绪，一种存在的方式，一种召唤我走出家门的狂热。我会跑过沿街吹来的树叶，或者站在山涧边倾听风在耳内轰鸣。云是另一种心情。日落时分，它变成了梦幻般的风景，邀请神秘的夜之王国降临。我被天气迷住了。每一个季节都是一个全新的世界，是我边走边创作的新篇章。

1 月的时候，我躲在我父母家房子后面峡谷里的“南极科考站”里。在那里，我冒着 0℃以下的暴风雪，和我的“特别探险队”一

1. 希腊神话中的人物，他跟父亲代达罗斯一起使用蜡和羽毛制造的翅膀逃离克里特岛，因忘记忠告而飞得太高，蜡被太阳晒得熔化，于是掉进水中失去了性命。（如无特殊说明，书中注释均为译者所注）

起绘制冰川地图，他们是我从邻居和朋友中挑选出来的。还有一次，不可思议的好运带领我们发现了一具猛犸象的冰冻尸体。而在另一次探险时，在一场鹅毛大雪中发生了时间错位，一头咆哮的剑齿虎从暴风雪中向我们迎面冲来。幸运的是，我们活下来了。

有一年炎热的7月，在一场垒球比赛之后，我跟着一支探险队又去了同一条峡谷，探索"亚马孙河上游"。只听到吼猴发出的刺耳叫唤声在雨林中回荡，而奸诈的科莫多巨蜥在灌木丛中沙沙作响。我们来到消失的部落里的森林小径，有时能瞥见他们赭色的皮肤消失于转弯处。当然，在那之后我知道了猛犸象没有去过南极洲，科莫多巨蜥也不生活在巴西，但我从未失去过与气候和天气之间的深厚联系。

等我再略大一些，到十几岁时，对天气预报很着迷。天气预报员是科学的魔术师，他们能在一个阳光明媚的下午变出暴风雨来。从父母给我买的《天气：最佳自然指南》中，我开始了解天气的征兆：太阳周围有个圈意味着一两天内会下雨；月亮上的地球光（当半月的暗面隐约可见时）是西边大片白云的反映，几乎可以肯定雨就要来了。书里还有飓风、龙卷风和幻日[1]的图片。这下我真被迷住了。

一天下午，当我翻阅着新一期的《埃德蒙科学》（*Edmund Scientific*）邮购目录时，在几个诱人的常见商品中——蚂蚁农场、可以在黑暗中发光的恒星贴纸、水族馆、试管——我注意到了一个新商品：一个完整的家庭气象站，带室外风速计（它上面的旋转风

1. 一种大气光学现象，飘浮在空中的六角形柱状冰晶体如果整齐排列，太阳光就会出现比较集中的折射。由于强度较强，看起来天上像多出了几个太阳，一般是3个，也有4个或5个的情况。

杯可以测量风速）的那种。我必须拥有它，我把零花钱都省了下来，还通过在庭院里劳作赚了些外快。

当包裹到达时，我发现它比预想中的要小一些，但所有东西都在，包括那台华丽的风速计和它的三个风杯。我吹了一口气，它们就顺从地绕着小桅杆转起来。另外还有一根单独的桅杆用来安装风向标。两根桅杆上都有电线连接着我的室内仪表盘。我要做的就是把风向标和风速计安装到足够高的地方，以便它们给出准确的读数。这并不容易，这意味着我必须经历一段艰难的旅程爬到父母家的屋顶上。

安装的那个下午凉爽多风。我从顶楼一扇小得无法容身的窗户爬了出去，把两根桅杆的底座拧进了屋顶上方的木山墙里。我想象着当自己顶着凛冽的山风安装气象站时，正好被《美国国家地理》杂志的摄影师拍下来。安装完风速计和风向标后，我把电线接上，把松散的线圈扔过屋檐，大致朝着下面卧室窗户的方向，然后爬回屋里。

在卧室里，我用耙子把晃来晃去的电线钩住，把它们扯进窗户里。我已经在墙上安装了两个靠电池供电的气象计，一个用于测量风速，另一个用于测量风向，它们将与这些电线相连。然后关键时刻到了。如果什么都没发生，仪表盘不动，我就得爬回屋顶去检查连接。我把电线接上，仪表盘开始跳动。

测向仪是一个圆形罗盘，上面有个小箭头，与屋顶桅杆上的风向标一起配合指示风向。测速仪是水平的，带有指针指示器，就像汽车仪表盘上的老式测速仪一样，显示出摇摆不定的风速，大约 20 英里 / 时。我一下子情绪高涨。除了之前安装的气压计和窗外温度计，我现在还有一个专业的室内气象站。无论外面的天气如何，我都可以在自己舒适的卧室里阅读仪器的读数。更重要的是，我可以自己预报天气了，和晚间新闻的天气预报员来个 PK。

通过把天气信号和仪器读数相结合，我成了一个相当不错的预报员。我学到如果晚上的月亮周围有光环且伴随着气压下降，则意味着 18 ～ 48 小时内可能会下雨。如果东风转为西风，云底升高，气压上升，通常会是晴朗的天气。而在冬天，一股北风按逆时针方向转变为西风，然后变为南风，便意味着一天之内有可能下雪。

再往后我发现我能做出很好的预测——尤其是暴风雨天气——仅仅根据风向和气压计就行。如果风从南边吹来，然后转向东风，而气压计显示为 29.8 英寸或更低，并迅速下降，那么一场剧烈的风暴即将来临。如果风向从东向北转变的话，情况也是如此，尤其是在冬天，当气压计再次显示 29.8 英寸或更低，并迅速下降的时候。我经常把得到的结果和晚间新闻的天气预报做比较，我并不总是对的。如果没有卫星图像和上层大气的读数，有些情况我根本不了解。考虑到这一点，我已经做得相当不错了。

尽管现在能收到所有的量化数据，我对天气的热爱仍然是发自肺腑的，甚至出自审美。仪表板凸显了这场气象的戏剧。呼啸的大风即使被测出 50 英里 / 时的速度，它仍然是那咆哮着吹倒街道上树木和垃圾桶的激情之风。在某种程度上，科学允许一种幻觉存在：如果某种东西不受控制，那么可能它本身就是一个蹩脚的共犯。

如今，我愿意把自己想象成一个天气鉴赏家，一个时刻在变化的享乐主义者。或许因为我是个作家，又或许只是对气象敏感，我很容易受到天气变化的影响。我陶醉于 8 月里那种炎热、多云的下午，天上布满了平淡少雨的层云。这种天有着最明亮的光线，除去公园里停放的汽车或树下的暗影，不会投下任何阴翳。我喜欢 10 月下午的天空，当云层底部被绗缝起来，透出的灰色光芒似乎能让秋叶的红色与橙色更加浓郁。

太阳下山后，城市的夜晚充满了魔力，灯火照亮了四散的积云的底部，它们变成了一座座岛屿，而星星在岛屿之间划过一片靛蓝色的海洋。7月，炎热刮风的暑天下午，天气晴朗且干燥，有时紧接着到来的是同样多风的夏夜，甚至连银河都似乎在飘浮。我见过像焰火一样令人惊叹的日落，像蔓延于地平线上的超现实主义的西斯廷教堂天花板。我还记得雾蒙蒙的神秘早晨，就像把这个世界溶化了一般。正如T. S. 艾略特在一首诗《玛丽娜》（“Marina”）中写道：“什么样的海 什么样的岸 什么样的灰岩 什么样的岛 / 什么样的水拍打着艏 / 松树的芳香飘来 画眉鸟在雾中唱。”

多么微妙的关于大气层的细节啊——一艘雾中行驶的船，气味和歌声是唯一的灯塔。艾略特笔下的雾掩盖了我们最高的精神追求，但也唤醒了我们毁灭性的无知。作为一个物种，人类还有那么多东西需要去理解，而渴望就是我们的灯塔。在某种意义上，我们正如乘坐燃烧的飞船穿越天空想要返回地球的宇航员，我们仅有的东西是信念。宇航员们知道我们的大气层是一道狭窄的、脆弱的边缘，但他们也知道这是一个宏伟的疆域，它华丽绚烂、令人生畏、反复无常且难以捉摸。

目录

第一章

暴风雨带来的一线生机：大气层之不可能的诞生

地球偶然被创造于45亿年前。10亿年是很长的一段时间，为了感受这样一个巨大的时间跨度，你可以想象把时间浓缩成一种物质，这种物质每过一年就会沉积1克——这相当于一个圆珠笔帽或一张1美元钞票的重量。如果把每年的重量相加，10年的重量就是10克。这样，一个正常人的寿命将是80～90克，相当于一块巧克力的重量。

让我们继续，如果往前追溯一年也加1克，回到2000年前的罗马帝国，这样加起来的重量为2千克，相当于一小袋可以被轻易举起来的土豆。回溯到20万年前，第一批解剖学意义上的现代人出现时，重量就已经接近奥运会举重运动员挺举重量的极限了，大约是200千克。

再往前追溯到6000万年前的恐龙时代，你“年利息”为1克的账户里就有了60吨的重量，相当于一辆小型柴油机车。到了5亿年前，在古生物学家所称的奥陶纪初期（那时海洋里生活着三叶虫和海百合），你的“存款”重量大约为5万吨，相当于三艘俄亥俄级战略核潜艇的重量。而到了45亿年前，当我们的星球第一次从原始尘埃中合并时，你每年1克重量的“投资”收益将和一颗大到足以毁灭整个陆地生命的小行星一样重。

那时候，地球每隔几亿年就会与一颗跟上述“时间沉积物”差不多大小的小行星发生碰撞。尽管不断受到撞击，我们熔融状的星球仍有足够的时间通过重力把自身分作好几层——核心是铁，上面排列着较轻的矿物和元素；顶层是最轻的气体，当时只有氢和氦，它们组成了地球最早的大气层。想想兴登堡号空难是怎么发生的：只要1根火柴，所有东西都会爆炸。你可以在45亿年前擦燃1000根火柴而不产生任何火花，因为那时没有氧气，根本不用担心爆炸，但你会窒息而亡。周围都是氦气，人类那短促尖利的临终遗言的音调会因此高得可笑，这还蛮恐怖的。

但氦是一种善变的气体，它不会停留太久。在地球形成不到1亿年后，大部分氦都摆脱地球引力，逃到了太空中。不久，游离的气态氢也紧随氦气逃走了，留下了一个由氮、水蒸气、二氧化碳和硫化氢的刺激性混合物组成的大气层，就像臭鸡蛋一样。在这恶臭的瘴气之下，是一颗充满水的行星，上面点缀着一些暂时的岩石岛屿。又过了3亿年，地壳才稳定下来，在原始岩浆之上结成一层薄薄的凝固熔岩，而此时原始大陆上突出于海面的每一处领地，都是被流星和小行星撞击出来的。事实上，每隔几亿年，当一颗特别大的小行星撞击地球后，海洋就会在随后的行星“炼狱”中蒸发殆尽。之后几千年里，海洋以常压蒸汽的形式等待着时间的流逝，直到地球炽热的表面冷却到不再使雨水瞬间蒸发，而是开始让它们聚积，形成水坑、湖泊，最终变为海洋。

在氢风暴、流星撞击和持续的火山爆发之中，地球上发生了最不寻常的进展——具有原初DNA的自我繁殖有机体出现了。事实证明，这些微小的生物给大气带来了相当大的冲击力。

·原始汤·

是否有足够夸张或高级的说法，可以表达生命的出现是多么不可思议？我认为没有。生命的发生能与宇宙自身的突然物化——100多亿年前的那次无中生有——相匹敌，甚至更甚一筹。但生命是什么？我们如何描述这种具有非凡能力的物质特例？也许我说得有点儿过了，可能生命就像托马斯·曼（Thomas Mann）的《魔山》（*The Magic Mountain*）里有个角色开玩笑时提到的那样，只不过是“物质的传染病”。可它是怎么开始的呢？无机分子是如何开始复制自己并坚持下来的呢？

这是一个我们无法给出详细答案的问题。不过，我们有一个比较普遍且明智的看法，说起来大致就是——生命源于恶劣的天气。它不是从一个有着宁静大海和习习微风的平和星球上诞生的，而是起源于一个有着狂风暴雨和数十米高海浪的星球。在火山爆发和陨石撞击中，自我组装的分子开始自我排列。它们生长在原始汤里，不断被闪电击打，被熔岩炙烫，被年轻的太阳用危险的高频紫外线烹烧。

亚历山大·奥帕林（Alexander Oparin）是第一个设想出这种“炼金术”（弗兰肯斯坦式生命启动）的科学家。1924年，他在原始汤理论中推测，紫外线在无氧环境中作用于元素气体、液体和固体，产生了有机蛋白质，亦即生命的基本成分。差不多30年后，1953年，诺贝尔奖得主哈罗德·尤列（Harold Urey）和他的研究生斯坦利·米勒（Stanley Miller）进行了一项巧妙且日后十分著名的实验，证明了奥帕林的理论是正确的。在芝加哥大学，他们用烧杯、玻璃管和电路搭建了一套装置，注入氢气、水和甲烷，试图重现40亿年前地球上的环境。他们接连数天用电轰击他们的“汤”，来模拟出原始海洋上肆虐的风暴。仅仅一周后，在这令人震惊的混合物中已经有15%的碳发生了转化，形成了至少23种氨基酸，正是它们构成了复杂生命的基础。他们证明了有机分子确实可以由无机物自发形成。

后来，这个理论受到了很多批评，尤其是神创论者。我家的水管工戈登·莱恩就是其中之一。我记得自己8岁的时候，就看过他用喷灯熔化焊料，把浴室水槽下面的两根铜管连接起来。那时他经常留下来吃晚饭。他是一名耶和华见证人，有经过门萨俱乐部鉴定的高智商，和我父亲一样喜欢用双关语。他最喜欢就基本问题和我们这个不可知论的家庭争论。他特别鄙视关于生命起源的原始汤理论，他知道将一个细胞组装成功的概率极低。以胶原蛋白这样的简单蛋白质为例，该分子有1055个序列，每一个都必须完全按照正确的顺序组装才能发挥作用，而胶原蛋白只是几十万种蛋白质中的一种。他用了一个绝妙的比喻来强调他反对“随机突变创造了生命”的论点，“如果我站在一个汽车修理厂外面，隔着篱笆向里面扔石头，可以站在那儿扔100万年，也永远听不到篱笆另一边汽车发动的声音”。

然而，撇开这些批评，奥帕林的理论仍然站得住脚。这主要是因为，有太多天然生成的氨基酸蛋白质存在。似乎只要给出足够的时间（在这里是数亿年），蛋白质确实可以组合出来并逐渐变得更加复杂。最近，米勒－尤列实验已经成功地被重复了。其他研究人员在米勒－尤列混合物中加入了火山气体，结果也制造出了氨基酸。不仅如此，我们似乎一直在从外太空“进口”一些复杂的蛋白质，包括氨基酸。1969 年，在澳大利亚默奇森发现的一颗大型陨石中，有 20 种氨基酸在地球上找不到它们的来源。所以，如果你把陨石和彗星中的氨基酸加入早期海洋里已经在酝酿的蛋白质炖汤中，那么原始汤就有了很多生命构建者。

但自我复制的蛋白质必须在数百万年内被多次重造，然后其中一种蛋白质偶然形成了一层膜，能够保护它免受元素的伤害。这些蛋白质要异常幸运地出现在一颗水行星上，这颗行星绕行太阳的距离也得刚刚好，要处于大气科学家所称的“古迪洛克带”(Goldilocks Zone）上。离太阳太近（比如金星)，水就会沸腾；离太阳太远（比如火星)，水就会结冰。事实证明，水具有一种特殊的性质，它能启动胞内运输和细胞膜。

水是双相的，此处不是躁狂或抑郁[1]的意思，而是就电子而言。水分子的一边带着正电荷，另一边带着负电荷，它们就像小磁铁一样相互吸引，吸引的强度仅仅够使它们聚在一起，但不足以形成固体。这使得水成为溶解后的矿物质和化学物质的良好运输介质，这也是你能在鱼缸的水面上看到一个弯月面的原因。在深水中，水分子在各个方向上相互吸引，但在水面上，它们只能被下方的水分子吸引，这使它们排列成了一个临时的膜。第一个自我包膜的蛋白

1. 作者在这里调侃了一下双相情感障碍。

质模仿了这种特性。它的细胞膜外部有亲水分子，内部有疏水分子，这就围成了一个圈，形成一层膜，来保护它内部精密的“纳米机器”。

自我包膜的蛋白质逐渐繁盛起来，也变得越来越复杂。大约40亿年前，也就是地球诞生后不到5亿年，它们最终跨越了我们定义为生命界限的那条线。这些最初的简单的单细胞生物被称为原核生物，并把硫酸盐作为能量来源。它们是厌氧的，这意味着它们在没有游离氧的情况下也能旺盛生长。原核生物主宰海洋达数亿年之久。在它们统治的时期，原核生物确立了自己的地位，分布到了整个行星上。但是，如果一个时间旅行者站在那片古老海洋的岸边，是看不到任何生命迹象的，只有显微镜才能揭示原核生物的普遍性。无论如何，你不会有太多时间去收集样本，因为30亿年前，当原核生物牢牢统治地球时，环境一点儿也不温和。

·一份30亿年前的典型天气报告·

首先，那时的白天更短。地球的自转速度是现在的3倍，一个完整的昼夜周期为8小时，只有4小时的黑夜和4小时的白昼。尽管紫外线的水平很高，年轻的太阳却要比现在更暗淡。你肯定需要一个氧气面罩，因为大气几乎完全由二氧化碳组成。月亮一旦升起，你就会知道，它离地球比现在更近，看起来要比现在大上12倍。今天，月球看起来像一臂之遥的一角硬币那么大。30亿年前，它看起来就像甜瓜那么大。你不可能叫它月升，它会跃出地平线，冲向天空，令人头晕目眩地在空中绕行。月亮或太阳投下的阴影，在你观看的时候会明显地伸展和移动，就像延时胶片一样。

当然，在原始海洋上看到月亮升起会是一个奇妙的景象，但你不会想待在任何靠近水的地方。事实上，海洋上唯一安全的位置是类似于陆地上的山顶。海中的潮水高达 1000 英尺，且到达的速度就像海啸一样快。那些生活在原始海洋中的原核生物一定未曾休息过。

演化在当时是一种缓慢的作用力，但几亿年后，一个重大的变化终于发生了。一个偶然的突变导致了一种新的单细胞生命形式的产生，它比厌氧的前身具有更惊人的优势。蓝细菌，这位新来者利用大气中相对丰富的二氧化碳和阳光，将其与水相结合，并以生产出的碳水化合物作为食物。从本质上来说，它们就像今天的植物一样存活着。它们是绿色的，就像植物一样。它们独特的代谢过程只产生了一种简单的废弃物——氧气。在 28 亿 ~ 25 亿年前，游离氧这个曾在地球海洋和大气中扮演次要角色的元素，变成了主角。

· 微小的地球拯救者 ·

如果人类最终去殖民其他星球，就将依靠大型工厂将外星大气加工成可呼吸的大气，这一过程被称为“地球化”。火星地球化的各种计划已经被制订出来了，这一超大型的工程项目将轻而易举地超越地球上已有的任何成就——埃及金字塔、巴拿马运河、中国长城，但我们还没有开始付诸实施。

对我们来说幸运的是，地球已经被改造过了。但改造大气层的活儿不是大机器干的，而是蓝细菌干的。大约 30 亿年前，主要的几种蓝细菌生活在珊瑚群落状的叠层石中。它们在海洋中形成了多节的暗礁，在那里静静地冒泡，向水中释放氧气。如果你能在原始海洋的海滩上漫步，很可能会看到礁石宽阔的水下岩壁，这些低矮的礁石就位于近海处，目力所及都是它们。空气是温暖的，但你仍然需要一个氧气面罩。在氧气满溢并渗入大气之前，叠层石和它们的同盟者必须在数亿年里不断地向海洋泵出氧气。

令人惊讶的是，叠层石幸存了下来，它们是活化石之王。就古老而言，没有什么比得上 28 亿年不变的叠层石——不管是过去 1 亿年没有变化的新西兰大蜥蜴，还是今天看上去和 3.5 亿年前一模一样的、来自马达加斯加的过渡鱼类腔棘鱼，抑或是有着 10 亿年历史的海绵。在澳大利亚西海岸的鲨鱼湾（Shark Bay）和巴哈马的埃克苏马群岛（Exuma Cays），都有叠层石繁荣的群落存在。这些令人讨厌的灰色斑点状岩石上黏附着一层薄薄的蓝细菌细胞，这些细胞如此之小，一平方英尺内就有 10 亿个。在近 20 亿年的时间里，它们一直是我们星球上主导的生命形式。在它们身上，生命好像停止了演化。

·氧气灾难·

但是，当蓝细菌在改造海洋时，也在杀死它们的祖先。氧气对地球上的生命先驱们来说是致命的，它们是已经繁衍了10亿年的原核生物和嗜极生物。在不到3亿年的时间里，蓝细菌向海洋中注入了如此多的氧气，以至于99%的原核生物在地球上已知的灭绝事件中都死光了，只有少数苟延残喘于海底靠近热泉的地方，或者埋进氧气找不到的泥浆下面。因此，大氧化事件也被称为大氧化灭绝事件，或简称氧气灾难。尽管如此，原核生物还是有很好的表现，曾统治了地球近4亿年，它们的后代至今仍生活在深邃的岩石或泥浆中。

但是，蓝细菌释放出的那些小气泡不仅消灭了绝大多数原核生物，还引发了一场巨大的、不可逆的地球化学反应。在地球历史上，水下的铁沉积物第一次开始生锈。在这场海底铁锈大爆发期间，海洋一定被染成了橙色，并长达数百万年。氧化铁在位于这些新的富氧海洋底部的沉积岩中留下了明显的条带痕迹。今天，地质学家们常常发现距今30亿年的岩石中的红色带状结构里有一层层锈蚀的沉积物，这是地球上自由氧存在的第一个证据。

·地球上的火星·

在3亿年的时间里，蓝细菌稳定的氧输出都被铁吸收了，并埋在海洋沉积物中。大约25亿年前，当所有可用的铁都已经和氧结合，多余的氧无处可去时，它们便从水里冒出来，进入大气层。大气中的氧气含量开始急剧上升，由此引发了另一场氧化事件——所有暴露在陆地上的铁开始生锈。就像原始海底地层中的带状海洋沉积物一样，这些陆基地层也可以在该时期的岩石中清晰地看到。

从邻近的行星，比如火星的角度来看，地球将经历一场染印色彩的转变。在第一批大气氧气出现后的几个世纪内，大陆的颜色就从棕色和灰色变成了明亮的土红色。那时，海洋恢复了原初的颜色，地球变成了一颗蓝橙相间的行星，闪烁在火星的天空中。行星颜色的变化证明了生命的力量。原始的大气层已经被生命改变，地球的命运变得独一无二。它偏离了一个标准的地质行星的进程，现在正沿着自己的轨道运行。生命开始塑造地球的面貌。

如果我们想象中的时间旅行者站在 25 亿年前那片锈红色的古老海洋岸边，此时他不再需要氧气面罩。空气就像今天任何一处海边的空气一样，他可以深深地、美美地呼吸。氧气供应充足，但周围还没有任何多细胞生物来享用它的丰盛。

不过还是有一个小担忧——第一次呼吸到的氧气是凉的。当大陆开始变成锈红色时，在南北两极出现了冰帽。在几千年的时间里，这些极地冰帽发展成大陆冰原，同时向南和向北推进，地球赤道处还环绕着一圈非常狭窄的无冰海洋和陆地。地球的第一次深度冻结，也就是休伦冰河时期，持续了 3 亿年，最终结束于剧烈的火山活动。对我们来说，关键的一点是，叠层石和其他蓝细菌在它们的赤道避难所存活了下来。但事实证明，休伦冰河时期只是对生命脆弱之舟的一个警告：更糟糕的冰川期即将来临。

正如 25 亿年前站在海岸边的假想时间旅行者所能告诉你的，当时的大气和我们现在的大气很相似，尽管二氧化碳的含量要高得多。今天的大气层由 13 种气体组成，其中氧、惰性氮占主导地位——氧占 21%，惰性氮占 78%。这些比例很重要，以氧气为例，每升高 1 个百分点，森林火灾的可能性就会增加 70%。如果氧气含量达到 25%，所有从北极地区到赤道雨林的陆地植被，最终都将在一场迅速蔓延的全球野火中燃为灰烬。氮的比例也要刚刚好，如果氮的水平下降到 75%，地球的气候就会进入再也无法恢复的深度冻结中。

其他重要的气体都是微量气体，比如氩（0.9%）、二氧化碳（0.04%）、氖（0.001818%）、氢（0.000055%）、甲烷（0.00018%）和氦（0.000524%）。剩下的那些气体作用都很次要，臭氧除外。臭氧和二氧化碳一样，虽然占比很小，但对地球的宜居性有着重要的影响。臭氧在地球上形成透明的、轻盈的保护伞，保护着地球免受紫外线的伤害。当科学研究证明喷雾罐和冰箱里的氯氟烃正在破坏臭氧层时，禁止使用这些物质的国际立法在十多年后就颁布了。没有臭氧，地球上所有的植物和大多数生物都会在强烈的紫外线辐射下烧伤和变异。尽管如此，臭氧、氡、氪、氙和一氧化二氮加起来也只占大气的 0.000004%。

氮是我们大气中的“大股东”，然而，除了维持地球温和的温度之外，它是一个沉默的合伙人。当然，葡萄酒爱好者们会用加压的充氮容器来密封打开过的瓶子（显然比真空密封的效果更好），用氮气来代替空气填充轮胎则是汽车界最近的趋势。与氧气相比，氮气显得几乎无足轻重、平淡无奇。但是你不要被欺骗了，氮的血统可是遍及宇宙的。

如果其他行星上也有生命存在，那么它们大气层中的含氮量很可能比较高。它是我们宇宙中的第七元素，已经被地球上的每一种生物纳入自身。没有它，我们就完了。氮约占所有生命干重的3% ~ 4%，是细胞结构和氨基酸的基本元素。它以硝酸盐的形式存在于动物的粪便和尿液中。氮肥的本质是氮，我们提取它是因为很多食物都来自需要氮肥才能生长的植物。

但是氮的含量原本不该这么高。正常情况下，氮和氧会相互反应，经过这亿万年，应该都结合在一起了，大多数氮应该以稳定的硝酸盐离子形式隐藏在海洋里。然而这并没有发生，这是我们大气中反直觉的奇迹的一部分。某种东西（很可能是生命），阻止了该混合物的反应。

不过，就气候控制而言，氮尽管无处不在、数量众多，但其重要性几乎完全被以小胜大的二氧化碳所掩盖。二氧化碳只占大气的0.04%，约400ppm。如果在水中加入同样比例的毒物士的宁，你可以喝上几加仑后仍安然无恙。在过去的40万年里，二氧化碳浓度一直相当稳定，从冰期的180ppm到间冰期的290ppm。尽管数量稀少，但它在调节地球表面整体温度方面起到了关键作用，因此对地球上的生命来说是必不可少的。

二氧化碳对于植物的生存至关重要，从而对于食物链上的所有生命形式来说也至关重要。在第一批植物学会如何用它们那精巧复杂的纳米机器从大气中提取二氧化碳之后，它们又利用光合作用把二氧化碳转换成能量，然后把我们从海洋的摇篮里拖了出来。可以说，植物是我们的英雄。今天，光合作用捕获的全球总能量约为130兆兆瓦，是目前存在的所有人类文明使用的总能量的6倍。不用作能源的碳，则构成了树枝、根、叶、花和茎。这就将碳固定住了，当植物死亡后，碳被封存在土壤中，最终被压缩成岩石。然后在数百万年的时间里，这些岩石俯冲到地球熔融的内核中，之后由火山喷发释放出来。这就是空气、生命、岩石到火的循环。

全世界的火山平均每年释放约1.3亿～2.3亿吨二氧化碳。虽然听起来很多，但还远比不上光合生物的惊人贡献。无论是在水下还是在陆地上，腐烂的植被都会产生二氧化碳。海洋中的海藻和浮游生物每年产生约3320亿吨二氧化碳，但与陆地上的植被相比，这一数字又相形见绌了。陆地上的植物每年产生4390亿吨二氧化碳。相比之下，我们人类每年只向大气排放290亿吨二氧化碳。问题在于，我们增加的这一小部分二氧化碳并没有天然的碳汇[1]来中和它。来自海洋和陆地的7710亿吨，以及来自火山的1.8亿吨（取平均值），都在地球的碳循环中。所以盈余在逐渐增长。实际上，通过燃烧封存的碳并将其添加到大气中是在玩火。20世纪中期，二氧化碳的浓度为320ppm，现在已经超过了400ppm。人类这样玩火已经有相当长一段时间了。

尽管如此，从地质学角度来说，我们向大气中添加更多二氧化碳的可疑努力注定会失败。自从二氧化碳浓度在原始大气中到达最高水平（当时它占据了统治地位）之后，一直在稳步下降。氧气和氮气这两种新生气体将二氧化碳驱逐出去，5亿年前的寒武纪时期，二氧化碳已经成了一种微量气体，浓度约为7000ppm；在6000多万年前的侏罗纪和白垩纪，二氧化碳浓度降到了3000ppm；在3400万

1. 指利用植物的光合作用吸收大气中的二氧化碳，将其固定在植被和土壤中，而非作为温室气体释放到大气中。

年前降到 760ppm；今天，二氧化碳的浓度约为 400ppm，由此可见它的趋势。长远来看，在 1 亿年内左右，维持生命存在的最基本气体之一将会耗尽。但这完全不能让我们摆脱困境。现在，二氧化碳的管理是一个全球性难题。

还有一位我没有提到的大气“玩家”——水，主要是因为它不属于气体。水以水蒸气和云的形式占据着大气的 2%，尽管这 2% 分布并不均匀。暖空气比冷空气含有更多的水分，所以热带上空大气里的水比极地上空大气里的水要多。在全球范围内，平均而言，大气中含有约 37.5 万亿加仑的水。可见，我们头顶上方是一片海洋。

第二章

远处的蓝色狂野：认识大气层

当我还是孩童时，偶尔会在夏末的下午爬上父母的车库房顶，躺在温暖的沥青瓦上，直视天空。我在追逐一种感觉，一种眩晕、飘忽的感觉。我想象着车库不见了，只剩下我一个人，悬浮在无边无际的蓝天上。没有邻居，没有城市，没有地球，只有蓝色，蓝色的大气层和太阳。好吧，在我蔚蓝的世界里，还有鸟儿在身旁飞翔，它们是我的旅伴。

我会邀请最好的朋友来分享我的幻想，虽然他看得太投入就会头晕。事实上，那是一种令人眩晕的感觉，不断向上，进入无限、温暖的蓝天宇宙，我暗自沉迷其中。天空是一片暖空气的海洋，我在其中翱翔。事实也确实如此，我们生活在这个空气海洋的底部，它的总重为 5200 兆吨。或者可以说，地球表面每平方英里上空有 2500 万吨空气。如果大气层被压缩成一块花岗岩，它将有 2000 英里长、1000 英里宽、0.5 英里厚。这听起来是一大块，但地球大气层被粘贴在一个惊人的薄层里——它总量的 99% 位于距地表 18 英里以内的范围中。大气层就像地球的透明皮肤，没有它，我们将无法生存。

地球并不是太阳系中唯一拥有大气层的星球。除了距太阳太近的水星，所有其他行星都有大气层。环绕太阳系其他行星运行的 173 颗卫星中，有几颗也有大气层，但大多数卫星，包括月球，都没有大气层。没有一阵风、一缕烟、一丝空气，什么都没有。月球的无空气表面完全暴露于外太空极端的气温波动下。月球正午的温度可达 123℃，如果你把一杯水放在月壤上，几分钟内就会蒸发掉。但到了晚上，气温会骤降至 −181℃。如果你是一名宇航员，在这片繁星点点的黑暗中，有想摘下头盔自杀的意图，那么当你最后一次呼气时，呼出的二氧化碳会冻结，像干冰一样飘落下来。

我们生活在地球上很幸运，不仅有一个大气层，而且是相对温和的大气层。事实上，我们应该双膝下跪，感谢它的保护——它不仅抵挡了极端气温，还拦截了 99% 的陨石和许多完全没好处的亚原子粒子。如果这些还不够的话，地球大气层中氧气和氮气刚好建立的平衡，让我们可以舒服畅快地呼吸。

但是大气层只是薄薄的一层。在 19 英里（约合 30.6 千米）的高度，随着宇宙飞船的上升，窗外越来越暗，恒星越来越多。到达非正式的外太空边界，或者至少到达没有空气的真空地带，也就相当于在地面上横跨了一个城市的距离。不过，一趟垂直的太空之旅所消耗的火箭燃料费用，相当于一个奥运会游泳池的造价，而不是横跨城市所需的 1 美元汽油。

在水平方向上，我们走 6 小时能走完 19 英里。攀登则完全不同，珠穆朗玛峰的海拔为 5.5 英里（29029 英尺），到达它的顶峰也只相当于走完 19 英里的 1/3。为数不多的筋疲力尽、脑壳发虚才登上珠穆朗玛峰的幸运儿，一定也感受到了太空带给人的眩晕。在山顶，天空呈现出深蓝色，几乎没有足够的氧气供人类生存。不是因为氧气浓度下降了，这里的氧气浓度仍然保持在 21%，而是因为空气本身变得稀薄了。气压更低，每次呼吸肺部无法提取到和地面上等量的氧气。

民航客机通常在珠穆朗玛峰上方 1.5 英里（约合 2.4 千米）处飞行，巡航高度为 10000 ~ 12000 米。它们离大气层边缘较近，所以客舱需要增压。这也是为什么当飞机着陆、机舱内充满正常大气压时，一些粗心的饮酒者在飞行途中喝下的鸡尾酒会反胃。

19 世纪时，早期的飞行员在他们大胆的攀登中并没有机上服务可供选择。当他们驾驶热气球进入高层大气时，肯定没有携带氧气，甚至没有一个密闭的舱室。对于自己将在那里遭遇什么，他们毫无头绪，他们真的上升到了一个未知地带。当时的科学家并不知道大气层的高度有多高，也不知道大气的成分是否会随着海拔的升高而变化。根据登山运动的记载，早期的热气球乘客了解到，气温会随着你到达更高的地方而下降，氧气的含量也会下降，仅此而已。除了派人上去别无他法，而上去的唯一办法就是挂在一个装满煤气的易碎气球上。

1783 年，当让·弗朗索瓦·皮拉特雷·德·罗齐尔（Jean François Pilâtre de Rozier）和阿朗德侯爵弗朗索瓦·劳伦特（François Laurent）乘坐热气球首次飞越法国上空时，人类开始了对大气层的探险。在那些付得起钱的人当中，乘热气球的热潮迅速传遍了欧洲。到 19 世纪初，乘热气球飞行已经成为一门科学，探索大气层的竞赛开始了。

第一个飞上高空的科学家是伟大的法国化学家约瑟夫–路易斯·盖伊–吕萨克（Joseph–Louis Gay–Lussac），他的专长是研究气体，特别是气体体积如何随温度变化。正如他很快就会发现的，气体体积如何随高度而变化。1804 年 9 月，在他第二次乘坐氢气球飞行时，创下了一个高度纪录——7 千米（4.3 英里）。盖伊–吕萨克携带了气压计、温度计、湿度计、指南针和烧瓶来采集空气样本。通过在上升过程中采集而来的空气样本，他发现高空大气的组成与地面大气的组成是相同的，只不过更稀薄了。而他最有用的发现之一，是证实了海拔每升高 100 米（328 英尺），气温就会下降近 1℃。他也是第一个经历减压痛苦的人，升到最高处时简直头痛欲裂。直到 50 多年后的 1862 年 8 月 18 日下午，盖伊–吕萨克的飞行高度纪录才被英国热气球乘客詹姆斯·格莱歇尔（James Glaisher）和亨利·考克斯韦尔（Henry Coxwell）所打破。

詹姆斯·格莱歇尔是一位自学成才的数学家和气象学家，他是在格林威治公园的皇家天文台长大的。1835 年，乔治·比德尔·艾里爵士（Sir George Biddell Airy）被任命为皇家天文学家，他上任后的第一批举措之一就是把格莱歇尔推举为新的地磁气象部门负责人。作为一位杰出的科学家，格莱歇尔有着把几乎任何现象都简化成数字的本领。（有一次，他设计了一个公式，并坚持认为这样才能泡出一杯完美的茶。）但最重要的是，他是一位敬业的气象学家。

他在 1850 年建立英国皇家气象学会的过程中扮演了重要角色。1851 年 8 月 8 日，在水晶宫博览会（第一届国际工业博览会）上，他发表了第一个通过电报数据制成的英国每日气象地图，这是科学技术的一个惊人奇迹，公众完全被迷住了。

格莱歇尔对露点很感兴趣。露点是指大气中水蒸气开始凝结的温度。他希望在这次进入高层大气的航行中，能发现露点是如何随海拔高度变化的。

飞行器的驾驶员亨利·考克斯韦尔是一位经验丰富的热气球驾驶员，也是一位垂直升空的老手。他们俩是执行这项任务的最佳人选。在1862年8月的一个炎热的日子里，他们爬上了球篮（当时的热气球飞行者称它为车），身边堆满了格莱歇尔的科学设备，悬挂在有史以来最大的热气球下。它叫“猛犸”，上面装了90000立方英尺煤气。他们需要的一切都储存在上面，其中包括一个急救室，里面只装有一品脱白兰地。

气球的绳子拉紧之后，考克斯韦尔和格莱歇尔就把它割断了。气球迅速上升，20多分钟后，它已经上升到3英里高。为了达到更高的高度，他们把一些压舱物扔到球篮外。（我很想知道那些沙袋经历了什么。从这一高度下落，它们的最终速度将达到大约330英里/时，但似乎没有牧师住宅屋顶被砸出洞的报道，也没有牲畜被沙袋拍扁的抱怨。）

在他们上升的过程中，格莱歇尔从仪器上读取读数。这些仪器里有一个气压表，还有一个高度计。在海平面的气压下，大约30英寸的汞柱是正常的。此前在上升的气球上和山上做的气压计实验已经证明，每上升0.5英里，气压就下降2英寸。这让维多利亚时代的热气球驾驶员对自己的飞行高度有了相当准确的认识。当气压降至11.5英寸，飞行高度达到5英里时，车里的温度降到了−23℃，天空变成了一种很深的普鲁士蓝色。

这时，格莱歇尔开始昏厥，一只手臂动弹不得。他后来在日记中写道："然后我试着移动另一只手臂，但发现它也毫无气力。接着我试图摇晃自己，成功地让身体动了。我好像没有腿，只能摇晃我的上半身。然后我看了看气压计，我的头耷拉到了左肩上……然后我向后倒了下去，背靠着车的一侧，头在车的边缘。在那个位置，我直直地看着考克斯韦尔先生。"在完全失去知觉前的一刻，他看到的情景可让他受惊不小。

乔治·考克斯韦尔意识到他们飞得太高了，遭受着极度缺氧的折磨。他接下来做的事能够证明他的驾驶能力。当格莱歇尔昏过去的时候，考克斯韦尔已经从车里爬了出来，进入悬挂在气球上的绳网中。一个让气球放气（以便下降）的阀门被其中一根缆索缠住了，他够不到。考克斯韦尔想办法抓住了它，把它拉回车里，但那时他的双臂已经动不了了。他用牙齿咬住阀门，用力拉了三下，气体开始漏出来。当他们开始下降时，他倒在了车里的地板上。几分钟后，格莱歇尔恢复了知觉，并继续观察着，直到他们着陆。

格莱歇尔写道："当我们降落时，停在了一个没有任何住所的区域（位于什罗普郡），于是不得不步行了七八英里。"这完全不像是欢迎英雄的待遇。虽然当时他们并不知道，但他们其实已经穿过了整个对流层，到达了平流层的边缘。

对流层大约有 7 英里厚，是所有天气发生的地方，包括云层、急流、降雨和飓风。平流层则是一个稀薄得多的大气层。它的最低点，也就是它与对流层相接的地方非常冷，大约有 −60℃。格莱歇尔和考克斯韦尔已经可以告诉你这一点了。这就是为什么当你在飞机上到达巡航高度后，有时可以在舷窗上看到霜冻。喷气式飞机在平流层的下层巡航，再往上还有很长的一段路。事实上，平流层包括了 18 英里的“对我来说它开始像太空”的范围，然后又往外延伸 13 英里，到达中间层的边缘。你看到的流星，就是在平流层的上层燃烧的。

· 臭氧层及其以外 ·

臭氧层占据了平流层的较低部分，一般在地球上空 12 ~ 19 英里，具体高度取决于季节。臭氧层不仅能防护紫外线，而且还为对流层提供了一个保暖的盖子。

那么在臭氧层中会发生什么呢？当紫外线照射平流层下层的氧分子时，会将其中一些转化为臭氧分子——一种由三个氧原子而非两个氧原子组成的分子。（雷电也会产生臭氧，这就是暴风雨过后能在空气中闻到臭氧的原因。）然后，这些臭氧分子从阳光中吸收更多的紫外线辐射，重新分解成纯氧，同时释放出一些热量。这个循环叫作查普曼氧循环，它是连续的，氧分子与紫外线反应生成臭氧分子，臭氧分子再分裂成氧分子。因此，臭氧层比它上面和下面的空气都要暖和得多，大约在 0℃。

它就像一个热屏障，或者你也可以把它叫作逆温层，分隔开了寒冷的平流层和同样寒冷的对流层。这意味着臭氧层是大气对流所能达到的最高点，因为对流是天气的发动机，驱动着一切，从夜晚的和风到猛烈的飓风，所以平流层中是没有天气的。臭氧层的双重职责是保护生命免受紫外线辐射的伤害，并为天气设定一个垂直的界限。

20 世纪后期，臭氧层遭到破坏，这对地球上的生命造成了极其可怕的后果，以至于世界各国立即采取了前所未有的全球合作行动，禁止使用正在破坏臭氧层的氟碳化合物。但危险的高强度紫外线并非气象学家所担心的全部，失去对流层的顶盖还有其他不可预知的后果。全世界的气候会因此发生什么变化呢？希望我们永远都不会知道。

从臭氧层到平流层顶部还有 14 英里。（平流层总共大约 20 英里厚）温度随着高度的增加而逐渐升高，所以当你到达平流层顶部，开始前往下一层中间层时，温度已经达到了相对温暖的 −3℃。中间层是一种大气层的残余，更像是一些少量的原子，它从离地球表面 31 英里的平流层顶部延伸到 50 英里的高空。总而言之，它大约有 19 英里厚，直到 20 世纪 60 年代初，探险家们才到达此处。

1962 年 7 月 17 日，在格莱歇尔和考克斯韦尔到达平流层底部的危险之旅将近整整一个世纪之后，试飞员罗伯特·怀特（Robert White）的一次飞行让他登上了《生活》（*Life*）杂志的封面，并载入史册。怀特是个顶尖人物，20 岁时，临近二战结束之际，他驾驶 P−51 野马战斗机飞越德国上空。他被击落了，在德国战俘营里待了一年，出狱后，又重新驾驶起空军能分给他的速度最快、火力最强的战斗机。

1962 年 7 月的一个早晨，他被选中进入一架火箭发动机驱动的 X−15 超高音速飞机的驾驶舱，X−15 被挂在一架“空中堡垒”B−52 轰炸机的机翼下。这架 B−52 将怀特带到了 4.5 万英尺的高空，然后放下了他。在一阵自由落体后，他点燃了火箭发动机，将 X−15 的机头几乎竖了起来。“地平线消失了，除了天空，我什么也看不见。”他后来回忆道。重力把他甩回到座位上，火箭引擎升到满格，他看着高度表一路攀升，直到他到达 12 万英尺的高度。然后引擎熄火，燃料耗尽，他的 X-15 依靠纯动量继续上升。几秒钟后，他就飞到了 21.7 万英尺的高空。这是一个很快被刷新的纪录，X-15 仍在爬升。“控制面板上显示周围几乎没有压强，飞机反应迟缓。”他说道。在那个高度，肯定没有足够的大气来驾驶飞机，所以 X-15 安装了推进器来调整俯仰和偏航。他还在爬升，高度表让他简直不敢相信——30 万英尺，31 万英尺，最后是 31.475 万英尺，离地球表面整整 59 英里。怀特已经飞过了整个中间层，进入了它上面的热层。

在飞行结束后的一次采访中，他回忆起那次经历：“最令人印象深刻的是天空的颜色……它是一种非常深的蓝色——不是那种夜晚的蓝色，是一种非常非常深的蓝色，难以描述，但很好看。”然后说到下面的景象：“哇！地球真的是圆的……向左看，我觉得自己可以往加利福尼亚湾里吐口水；向右看，我觉得可以把 10 分钱硬币扔到旧金山湾里。”

怀特是第一个驾驶固定翼飞机进入外太空的人。是的，尤里·加加林（Yuri Gagarin）和艾伦·谢泼德（Alan Shepard）在一年前就已经进入过太空，但他们只是乘客，不是飞行员。每个人都称呼他们为宇航员。美国空军规定，50 英里的高度是航空飞行的官方边界，任何飞越这一极限的飞行员都会被授予美国空军正式宇航员的身份，并获得一枚奖章。所以怀特得到了他的“翅膀”和吹嘘自己是宇航员的权利。（欧洲人设定了更高的门槛。根据国际航空联盟的标准，外太空位于卡门线的另一边，距离我们头顶 100 公里以上。

怀特也差不多有资格获得这个称号了，尽管他无法证明这一点，因为国际航空联盟不颁发奖章。）

中间层是属于由流星尘埃组成的飘渺而罕见的夜光云的领域（还有飞得很高的 X-15），这些流星尘埃在高纬度地区的夏季可以看到。很美，但不是真正的云。如果平流层没有天气，那么中间层肯定也没有。到了中间层，气象学家们就退出了。那里发生的一切并没有真正影响到他们。到这里就轮到下一级科学家接手了，他们是外太空物理学家和高空研究人员。

科学家们喜欢把模糊的现象分割成一个个独立的部分来研究，大气研究人员也不例外。许多人的职业生涯都是通过定义和扩展越来越稀薄的大气层来开展的。在离地球表面约 50 英里的地方，中间层让位于热层，热层又向上延伸了 160 英里。热层非常热，温度在 500 ～ 2000℃，尽管那也只是一个抽象的数字。由于单位平方米内的粒子太少，不足以将任何热量传递给穿过它的物体，所以它甚至不能融化一片雪花。要不是这样的话，在距地面 200 ～ 240 英里的轨道上绕行地球的国际空间站几秒钟内就会燃烧殆尽。

在接近太空的边缘，热层底部是地球上最壮观的灯光秀舞台，这里上演着北极光和它的南方表亲南极光。北极光更有名，因为加拿大、斯堪的纳维亚和俄罗斯距离北极要比澳大利亚、智利、阿根廷和南非离南极更近，所以北极光能被更多人看到。从太空往下看，极光以带电子的彩虹色覆盖着两极，光线从中间层向上延伸，穿过整个热层。极光的原理是：太阳耀斑产生的高能电子被地球磁场捕获，并被圈向两极，当这些电子与如此高海拔上稀疏的大气原子碰撞时，就会呈现怪异的颜色。红色和绿色是与氧原子碰撞后产生的，稀有的紫色是太阳电子撞击氮原子的结果。这条极光“帘”的波动是由接近光速运动的电子的波前引起的。

我父亲曾经告诉我，当他还是个孩子的时候，在安大略北部非常寒冷、安静的冬夜，能听到北极光的微弱声响，是一种干涩的“嗖嗖”声。在那之后，我和许多北方人聊过，他们也说极光有时会低语。我还听一个老猎人说，如果你吹口哨，极光会做出反应改变形状。他说，如果幸运的话，你甚至可以“叫它们下来”，它们会出现在你的头顶上。这一点我可不敢确定。人类的哨声，即便是很响的那种，在 1 英里外也几乎听不到，而极光远在离地球表面 40 英里以上。此外，那里没有足够的大气层来传递声波。但无论如何，我确实喜欢这一具有神奇和亲密色彩的观念——与这些伟大的宇宙之光交流，就仿佛它们是某种实体的存在。

最近的一项发现确定了极光有一个弟弟叫“史蒂夫”(Steve)[1]。2017 年，艾伯塔省的极光猎人发现了它。它在天空中呈现为一条略带弯曲的垂直白光带，有时也伴随着北极光。这条丝带实际上是一股炽热的气流（3000℃），它以 770 英里 / 时的速度在流动。当然，史蒂夫一直都存在，只不过新的高分辨率夜间摄影把它从背景中分离了出来而已。

这些华丽的表演发生在一个惊人稀薄的大气层中，类似于荧光灯管里的真空。在离地球表面数百英里处，仅存的少量原子组成了一种气体，这种气体如此稍纵即逝又虚无缥缈，随时会蒸发到外太

---

1. 强热气流发散速度增强（strong thermal emission velocity enhancement）的英文首字母简写。

空去。这一现象被称为“金斯逃逸”，以英国天文学家詹姆斯·金斯（James Jeans）的名字命名，他最先预言了这一过程。（主要以氢原子逃逸为形式的大气逃逸目前尚微不足道，但随着太阳变得越来越亮——太阳每 10 亿年就会增亮 10%——这个过程将会加速，直到大气消失。）一旦原子进入太空，就会被太阳风摆布。由于大气层的保护，太阳风无法在近地表造成影响，而在一定高度和缺乏同伴的情况下，单个的空气原子将被吹到地球引力无法到达之处，成为星际旅行者，前往太阳系中更远的地方。

你可能认为热层是大气层最后的边缘，但你想错了。科学家们似乎就是不知道什么时候该停下来，他们加了最后一层——外逸层，它从距离地球 430 英里的热层顶部开始，直至 6200 英里外的太空。这个地区的大气粒子如此之少，以至于它们之间很少互相碰撞。我们甚至不怎么了解外逸层，但一些饱含热情的工程师设计出一种粒子探测器，灵敏度可以达到十亿分之一。科学家们把设备安放在一颗飞往其他行星的卫星上，它能在距离地球 6200 英里的地方偶尔探测到大气粒子，于是就有了外逸层。这有点像把棒球场旁边的停车场称为外场，但没人能把球打那么远一样。

第三章

极乐九霄：进入我们头顶上的迷雾巨人

云就是天气。没有云，就不会有雨、雪、冰雹、雨夹雪、龙卷风、飓风、台风、季风、闪电、洪水、雾或彩虹。那还能剩下什么？只有风和温度了。在一个没有云的世界里，晚间新闻的天气预报将被缩减到只播报日出和日落时间、每日最高和夜间最低气温，并以风速和风向结束。在一个没有云的世界里，如果空气中有任何水分，露水将是唯一的降水形式。对于喜欢戏剧性冲突的新闻预报员来说，唯一的希望就是沙尘暴了，镜头给到的是超大的尘暴和极端的每日气温变化。无云的世界将是一个干燥的世界，想想撒哈拉沙漠好了，白天最高气温 38℃，夜间最低气温直降到 0℃。

云是一座无形的工厂，能生产出无限的形状，它们既短暂又强大，虽然是由难以捉摸的雾气凭空变出来的，但只要它们愿意，便能以电闪雷鸣撼动大地。像乔尼·米切尔（Joni Mitchell）一样，生活在发达国家、坐过飞机的人都看到过云层的正反面。但不像乔尼在她的歌中所唱的那样，我们的确不了解它们是什么[1]。我们知道它们是由水蒸气构成的，但没有多少人知道，构成云的水蒸气并不像喷雾器喷出的水雾，也不像烧水壶喷出的蒸汽。云里面的每一滴水都非常非常小，直径只有百万分之一毫米，数以百万计的云滴能够被放进这句话结尾的那点空隙里。当无数的云滴聚集在一起时，它们就形成了我们称之为云的巨大而奇妙的形状。这也是为什么一朵典型的云有几百码长，却只容纳了大概一浴缸的水，就像华兹华斯在诗歌《我像一朵云一样孤独漫游》中所写的那种蓬松的、在好天气下才会出现的小积云一样。

然而，云滴并不是雾化水的最小形式。它们由空气中更小的水分子结合而成，这些水分子的直径远小于百万分之一毫米。空气越温暖，含有的蒸发水就越多；空气越冷，含有的蒸发水就越少。有一个极限叫作露点，也就是当相对湿度达到100%，或空气中的水汽完全饱和时，只有达到这个极限之后才能形成云滴。（好吧，实际上还有一点是必须的：云滴需要微小的尘埃颗粒来促使它们形成——没有尘埃，就不会有云。）露点可能出现在地面上空数百至数千英尺，也可能只有几英寸。雾就是爬行在地面上的云。

当你看到高速飞行的喷气式飞机尾迹时，就可以感受到露点和相对湿度的作用了。它们实际上是在制造云，提供水蒸气附着时所需的微小尘埃颗粒。如果相对湿度较低，飞机的尾迹会立刻蒸发掉；当相对湿度较高时，就会出现长长的管状云。它们形成

---

1. 加拿大著名民谣摇滚女歌手乔尼·米切尔在她1969年的专辑《云朵》（*Cloud*）里收录了一首“Both Sides Now”，当中有句歌词“I really don't know clouds at all”（我真的一点儿也不了解云）。

于水汽饱和度与温度的神奇结合点上，在不断变化的大气中，每一层、每一个区域都有一个独特的湿度水平。积云说明了这一切。

· 云的解剖 ·

在地球表面，我们生活于一个窄窄的温暖圈层之中，就像夏季湖泊浅滩上的米诺鱼[1]。乘坐热气球的乘客很清楚这一点：升得越高，周围就越冷。即使在炎热的夏日，只不过腾空几千英尺，热气球驾驶员就会感受到高海拔上明显的寒意。10 英里以上的地方，气温从不高于 −40℃。这就是为什么热气球和飞机上会备有毯子。

温度的垂直下降被称为“温度直减率”，这是由两个因素引起的：空气越稀薄，能储存的热量就越少；升得越高，离地面上因阳光而产生的辐射热就越远。平均而言，海拔每上升 1000 英尺，气温就会下降 3℃。海拔 9000 英尺的山，山脚与山顶的温差约为 27℃。山谷还是温暖的春日下午，到了山顶就变得冷到结冰，所以高山上终年有雪。由此推断，大多数从海拔 3280 英尺开始存在的云团底部，一定已经相当冰冷了。

但是，云朵也有自己的花招，有它们掩饰的手法，积雨云就是一个很好的例子。联美电影公司[2]的动画徽标中，就有一个理想的积雨云案例。一朵积雨云可以从地面上方一直延伸到平流层，跨越

1. 北美多种淡水小型鱼类的总称，喜欢生活在河流湖湾的沿岸浅水区中。
2. 1981年并入米高梅公司。

三个临界阈值。露点是云的平坦底部，在这条线以下，空气是湿润的，但还没有达到 100% 的湿度。在这条线以上，称为“抬升凝结高度”。你可以牵着一个 7 岁孩子的手，指着天跟他说：“看云的底部在哪里，那里就是露点。”如此简单明确。

冻结线则不那么明显。我们来设想一下，一个炎热的夏日，地面温度为 30℃，积雨云形成了。如果用温度直减率公式，温度降到冰点以下的海拔高度大约是 16400 英尺。这里出现了一个问题：为什么没有任何界线来表明云从液体变成了固体？从几英里外看一朵高达 8 英里的积雨云，你认为你会看到一条类似露点的分割线，或者可能有颜色上的差别，但你什么也没看到。那是因为，根本就没有这样的东西。显然，有一个阈值存在，高于或低于这个阈值，降水、雨、雪或冰雹，要么是冻结的，要么是液态的，但这种现象不会出现在云朵本身的结构里。为什么呢？这一切要归功于表面张力，即水和空气之间形成的“皮肤”。水体越小，表面张力越大。地板上一角硬币大小的水滴边缘是圆形的，而叶子上的露珠边缘几乎是球形的。形成云的微型水滴如此之小，以至于它们的高表面张力会防止它们冻结。云滴在 −40℃时仍然是液体，只有低于这个温度时它们才会冻结。（除非往上面撒一点碘化银……不过这个得稍后再讲。）

云滴的这种低温特性，解释了为什么在 0℃以下的条件中露点也有同样的效应。卷云在 18000 英尺以上的地方经历了它们的整个生命周期，从形成到蒸发，都处于 0℃以下。事实上，当一个巨大的积雨云变成暴风云，并逐渐聚积，直至到达平流层底部边缘 42240 ~ 52800 英尺的高度时，它就会向侧面扩散，就像被挡在玻璃天花板下的烟雾一样。这将对流层顶部与平流层底部的交汇处，清晰地展现给了我们。在这里，平流层下部的切变风会把积雨云摊平，并将其顶部拉伸成一片长长的、由冻结的水蒸气组成的卷云。从远处看，整片云的轮廓像一个铁砧，所以积雨云也叫作砧状云（incus，拉丁语“铁砧”的意思）。这是风暴云的终极形态，它的里面乱作一团。

· 理 解 云 ·

跟其他时候一样，古希腊人似乎也是最早对某种自然现象提出理性解释的。而且正如平常一样，在没有科学工具的情况下，他们用逻辑和观察来指导推测。最早破解云之谜的古希腊人是阿纳克西曼德（前 610—前 546 年）。他提出，闪电是云内部摩擦的产物（某种程度上这是对的，如果你把它想象成类似于气球表面在人的头发上摩擦积累的静电），风是“流动的空气”，由未知力量所推动。两个都说对了。

再往后，前 4 世纪初，莱斯博斯岛的哲学家泰奥弗拉斯托斯（前 372—前 287 年）提出，云的形状可以用来预测天气。他观察到，“如果晴天时出现一朵薄薄的云，伸展得很长，呈现为羽毛状，那么冬天还不会结束”，“在冬天，陆地上来的云比海上来的云更可怕；不过在夏天，从昏暗的海岸飘过来的云是一个警告”。

德谟克利特（前 460—前 370 年）以他先驱性的原子论，首先推测了云是如何形成的。他写道，融化的冰雪蒸发而成的水汽（他曾到过北欧）由风往南带到高空，盘旋于尼罗河上游的河面上空，而后以雨的形式落下。这种非同凡响的推测不仅正确地描述了蒸发、再凝结和降雨的水循环，而且隐含了盛行风和季节天气模式等更大的系统。

亚里士多德（前 384—前 322 年）是第一个撰写气象论文的哲学家、科学家。这是基于他更广泛的理论：世界处于恒常变化之中，我们看到的周围的一切，都可以归结为土、气、火与水之间的相互作用——土处于中心，被水包围着，然后是空气，最后是外面的火球。他在《天象论》的开篇中写道，关于云的关键问题是，为什么它们“不是表面上看起来那样形成于上层空气中”。他指出，地面反射的太阳热量阻止了云在地表形成，而且它们也不会在大气层的高处形成，因为那里有太多的火。因此，云层形成于两个高温区域之间的快乐中间层——中层大气。这是一个合乎逻辑的推测，尽管如果他知道温度直减率的话，将不得不修改他的理论。

古罗马人也提到了云的问题，卢克莱修（前 99—前 55 年）凭借其惊人的洞察力提出，云的源起是“在天空上端，许多较粗糙物质的飞行原子突然结合，即便轻微的纠缠也能把它们牢牢地绑在一起”。这与露点——潮湿的水蒸气围绕尘埃颗粒凝结而成的水滴——的概念非常接近，古代思想家悟到了这一点。

塞内加（前 4—65 年）是古罗马一位伟大的观察家，他也写过关于天气和云的文章。他撰写的《自然问题》（*Natural Questions*）是一部 10 卷本的自然史专著，塞内加关注的是大气和天气的变化，“时而下雨，时而晴朗，时而处于两者之间的混合。云有时聚集，有时分散，有时保持静止；它与大气密切相关，大气凝结并溶解于其中”。他正确地把云看作天气不可分割的一部分。

著名的罗马自然历史学家老普林尼（23—79 年）也在大约同一时期写过关于天气的文章，他重申了德谟克利特的观点，即水蒸气上下大循环的主导者是大气。“水蒸气从高处落下，然后又返回高处”，这在本质上是对水循环的另一种非常简洁的描述，他的方向是正确的。又过了近 2000 年，直到文艺复兴时期，才由法国哲学家笛卡尔（1596—1650 年）提出一种更科学的关于云及其形成的观点。笛卡尔在他的《方法论》（*Discourse on Method*）中提出了一套方法，如果正确遵循的话，就能全面理解任何自然现象。云成了他的例子之一。

笛卡尔写道，人类总是把云神话化，因为它们高高在上，所以就被联系到神上头去，是时候还原其真实面目了。难以捉摸的云是理性主义的自然目标，它们如此变化无常，转瞬即逝，看似无法归类。

他阐述了不少科学见解。他推测云是由水滴或小冰粒组成的，这些水滴或小冰粒合并成“小堆，这些小堆又聚集在一起，组成了巨大的冰块”。能停留在高空是因为它们“如此松散和充满活力，以至于它们的重量无法克服空气的阻力”。但如果它们继续结合，将无法抵抗地心引力，然后就会以雨或雪的形式落下。除了几点细节，他都说对了。

·云朵的馆长·

将近200年后，卢克·霍华德（Luke Howard，1772—1864年）将他的注意力转向了气象学。16岁时，他和他的贵格会信徒家庭一起居住在斯坦福德山（现在是北伦敦的一部分），并在后花园建了一个气象观测站，包括一个温度计、一个雨量计和一个自动记录的气压计。他每天两次读取数据，记在日记中，列出风向、气压、降雨量、最高和最低气温。四年后，他成了一名化学家和药剂师，开始和威廉·艾伦（William Allen）合作，后者是一个名叫爱斯克辛学会（Askesian Society）的科学俱乐部的创始人。

那时，公众对科学的兴趣正在迅速增长，英国到处都是绅士俱乐部和学术社团，其中大多是有钱的业余爱好者，很多人是自然历史学家。爱斯克辛学会可能是这些社团中最古怪的一个，与当时其他俱乐部一样，它的会员也参加了由其他会员和客人组织的讲座。这些讲座的内容通常包括阅读学术论文，以及做流行的实验——通常是某个化学反应的炫技演示。

在科学界向爱斯克辛学会展示的所有现象中，成员们对精神活性物质[1]，特别是一氧化二氮最感兴趣。威廉·艾伦称其具有“明显的醉酒效应”。其中一位一氧化二氮（现在被我们称为“笑气”）的推广者汉弗莱·戴维（Humphry Davy）对“氮的气态氧化物”如此上瘾，以至于他承认“每天服用三四次”。所以这是一群乐颠颠的新晋科学家，和贵格会教友们的作风大相径庭。

1. 摄入人体后影响思维、情感、意志、行为等心理过程的物质。

卢克·霍华德曾和学会其他成员一起尝试过一氧化二氮，但他的主要兴趣点在气象学上。霍华德希望能像瑞典奇才博物学家卡尔·林奈（1707—1778年）为动物学所做的那样，为云做一件事：为所有类型的云开发一个包罗一切的分类系统。

霍华德模仿林奈是很自然而然的。林奈被普遍认为是18世纪伟大的科学家，1735年出版的《自然系统》(*Systema Naturae*）一书，在动物命名法上取得了惊人的进步。他在书中引入了双拉丁词系统来描述物种，我们今天仍在使用这种方法。举例来说，大家都知道人类被归入智人种（*Homo sapiens*），这里的*Homo*表示属，*sapiens*表示亚种。林奈的分类系统如此全面，以至于每一种现存生物、每一种曾经存在过的生物，包括所有化石，都在其中占有一席之地，即使是未被发现的物种也能在这个系统中落脚。没有林奈，达尔文甚至不可能开始他的演化论。歌德曾这样评价林奈："除了莎士比亚和斯宾诺莎，我不知道在世的人当中还有谁比林奈对我的影响更大。"

卢克·霍华德的个人生活、婚姻和作为化学家的各种学徒工作，推延了他的气象调查，直到命运重新将他安置到位于伦敦郊区的普莱斯托，他才恢复了原来的兴趣。正如他后来写道："我一直在观察天空的脸。"没有其他装备，只带着一双好眼睛和脖子上的病痛，霍华德开始了对无法归类的云进行分类，它们是难以形容的、蒸汽状的，而且一直在变。他能看到其中所含的规则，经过几年的悉心观察和记录，这规则已经足够完善到可以作为一篇科学论文发表了。因此，1802年12月，作为一位很有声望的成员，霍华德在爱斯克辛学会宣读了他的论文，题目是《论云的形变》（*On the Modifications of Clouds*）。这彻底地改变了气象学。

霍华德提出了云的三种基本类型：积云、层云和卷云。还有它们之间的组合，一共包括 10 种类型：卷云、卷积云、卷层云、高积云、高层云、积云、层积云、雨层云、层云和积雨云。它既无比简洁，又全部囊括。霍华德终于成功制造了一场林奈式的云朵“革命”。论文发表后不久，他就成了欧洲科学界的名人。就连歌德也对此留下了深刻的印象，多年后的 1817 年，他写下了这首简短的打油诗以表欣赏：

但是霍华德用他更清晰的头脑，
给我们上了人类从未上过的课。
那没有一只手能抓住，没有一只手能攥紧的东西，
是他首先获得，他首先用头脑获得。
消除了疑虑，确定了它的界限，
给它起了恰如其分的名字。
多希望你的荣誉属于我！
当云升云落，云卷云舒，
让世界想起你，是你教会了这一切。

· 观云 ·

1887 年，第一本《国际云图》出版，它印满了霍华德关于云朵类型的插图和一些最早发表的彩色照片。我们现在知道，这些不同类型的云像独立的物种一样，定居在不同的海拔上，任何一个飞过

这些云，并抵达其上方的人都是云的探索者。我们感受过积云内上升气流的动荡，看到过地面观察者从未得见的全景。对于如我一般的观云者、云学狂热分子来说，舷窗外的云层奇观没有一次不令人惊讶和振奋。

一架正在下降的客机将会以几乎与《国际云图》一致的顺序对霍华德云型进行采样，首先是卷云（cirrus，拉丁语“一绺头发”的意思），它盘旋于 16500 ~ 50000 英尺的高空。这些高耸的云有最多的亚种类型，共 13 个，包括钩卷云（cirrus incinus，拉丁语“母马尾巴”的意思）和层状卷积云（cirrocumulus stratiformes，拉丁语“鱼鳞天”的意思，常在地平线上一路延伸）等。这 13 个亚种都完全由冰晶组成，通常卷云看起来像笔刷或一绺头发。在接近巡航高度的飞机上我曾与钩卷云赛跑，它们纤细的尾巴如此靠近地摇曳着，仿佛伸手就能触摸到。

层云（stratus，拉丁语“层”的意思）可以和卷云一样高，也可以和积云一样低。它们发生在不同温度空气的交界处，是扁平的，而且分层，因为没有垂直对流柱使其膨胀。层云有 7 个亚种，其中一个是高层云，形成的高度仅仅位于卷云之下。高层云通常是半透明的，你可以透过它们看到太阳的圆盘。我记得有一次飞行中，飞机开始下降的时候似乎落在了一大片层状云上，这些云从飞机两侧升起，就像湖面上的薄雾，我们陷入了一团棉花般的雾气之中。蓝色的日光逐渐变暗，直到进入云层深处。窗户被一种暗珍珠灰色蒙上了一层阴影，仿佛所有窗子都被油漆过。然后窗外又突然亮了起来，我们从平流层底部穿出，进入了两层云之间灰色朦胧的夹层世界——高层云在上面，雨层云（nimbus，拉丁语中“雨”的意思）

在下面。这是一个平行宇宙，阴沉的云景勾勒出地平线上奇怪的地貌——低矮的灰色山脉和大平原。然后，我们的飞机抖都不抖一下地沉入这片暗珍珠灰色景观，再次被暗珍珠般的黑暗淹没。

经典的积云（cumulus，拉丁语“堆积”的意思）通常是低云，它们的底部通常在离地面不到 6500 英尺的地方。从上面看，堆积的云就像浮肿的山，没有特征，没有河流或森林，只有雪白的风景。连绵不断的白色使它们看起来像天堂，就像天上的地形经过了改造和净化。

积云是天穹的吉祥物，没完没了的形状似乎也没有目的或功能，完全是自然的创造。层云所包含的湍流相对较少，但积云总是包含上升气流，因此穿越积云的过程通常有点颠簸。作为一名有点像是后座飞行员似的角色，每当我的航班从积云中飞过，我总会感到如释重负。

1896 年版的《国际云图》通行了 50 多年，如今气象学家们使用的版本则是 1951 年版。这个图集使用了所谓的 C 代码，并且从 0 而不是 1 开始。它还去掉了繁复的连字符。现在云的类型的顺序如下：0. 卷云；1. 卷层云；2. 卷积云；3. 高积云；4. 高层云；5. 雨层云；6. 层积云；7. 层云；8. 积云；9. 积雨云。这就是词语“九霄云外”（cloud nine）的来源。

最高、最大的云排在云类型列表的末尾，在极端情况下它的高度可达 12 ~ 15 英里，是珠穆朗玛峰海拔的两倍以上。在所有云中，它拥有最复杂、最具动态的内部活动。当这些巨大的积雨云中的一朵上升到对流层顶部时，它就获得了典型的铁砧形状，因此又有了一个拉丁文名号：*cumulonimbus incus*（砧状积雨云）。它本身就是一个天气系统。没有人特意用热气球或用飞机探索过这些云的内部，它们太危险了，但是有一个美国人在他无法控制的情况下成了一名开拓者。

1959 年 7 月 26 日下午的晚些时候，美国海军陆战队中校威廉·兰金（William Rankin）和他的副官中尉赫伯特·诺兰（Herbert Nolan）驾驶两架 F−8 十字军战斗机前往北卡罗来纳州博福特的一个基地。当时他们正在 47000 英尺（9 英里）的高空飞行，以躲避下方的湍流天气。就在他们开始下降之前，兰金听到引擎发出刺耳的声音。然后他仪表板上的灯熄灭了，当他拉动紧急辅助电源杆时，电源杆断在了手里。他用无线电告诉诺兰，自己准备从座椅上弹射出去。

在这个高度，温度为 −50℃，几乎没有氧气，空气压力不到地表的 1/3。兰金没有穿压力服，他的舱盖一打开，椅子就从飞机上弹了出来，他的身体开始减压。耳朵、鼻子和嘴巴开始流血，胃膨胀得很危险。手套被扯掉了，他能感觉到冻伤，他的手僵掉了。幸运的是，他头盔上连着一个氧气罐，所以他仍然保持着清醒。

从弹射到着陆，他的降落应该需要大约 8 分钟，经过 3.5 分钟的自由落体到达 10000 英尺的高空后，他的降落伞会在那里自动打开。但他却在一场雷雨中跳伞了，积雨云内猛烈的上升气流将他掳走了近 40 分钟。

> 我被风吹到 6000 英尺的高空，上上下下持续了很长一段时间，就像在一个非常快的电梯里，压缩的空气狠狠地冲击着你。有一次，一股猛烈的气流把我冲进了降落伞

> 里，我能感觉到寒冷潮湿的尼龙在我周围塌了下来，我确信它再也打不开了。但奇迹般，我向后一倒，降落伞又变得鼓起来。
>
> 第一声霹雳是震耳欲聋的爆炸声，简直把我的牙齿震得直打颤。我没有听到雷声，实际上我感受到了它，那是一种几乎无法忍受的身体体验。如果没有头盔，爆炸可能会震碎我的耳膜。
>
> 我看到闪电以我能想象到的各种形状出现在我周围。当离得很近时，它主要呈现为一个巨大的蓝色薄片，有几英尺厚。雨下得如此之大，我想我会被淹死在半空中。有几次我屏住了呼吸，生怕不这样的话就会吸入几夸脱的水。

兰金最终降落在一片森林里，成功地找到了一条路，拦下了一个过路司机。后来，他在医院接受了瘀伤、冻伤和严重减压伤方面的治疗。

这就是飞机要躲避活跃的积雨云的原因。近距离看闪电很可怕，但它很少击中飞机，而大雨只是刮过喷气发动机的风扇而已。只有上升气流和下降气流（尤其两者同时出现时）才可以把客机撕成碎片，而且曾经确实发生过。因此，“九霄云外”并不是人们所认为的那种田园式的宁静天堂。关于这一点，问问威廉·兰金就知道了。

第四章 地球之诗：雨

你知道，我为矮个子感到难过。

下雨的时候，他们是最晚知道的。

——罗德尼·丹杰菲尔德

一朵云就是一个由微小水滴组成的星系。它们无视重力，就像糖浆中的气泡一样悬浮于空气中。在大多数云里头，大量失重的水滴都稳稳地待着，但如果云很大，并有其他力量作用于液滴——举例来说，热对流产生的上升和下降气流，或云在山间上上下下，一些液滴就会发生碰撞，合并成更大的水滴。如果继续合并，它们最终会变大到开始被重力往下拉拽，一路收集更多的水滴，直到变成雨滴。当水蒸气在云层更高处聚结，就会产生冰晶，它们也会开始下降，但如果云底部的温度高于冰点，它们就会融化成雨。

如果我们跟着一颗从云层高处往下落的雨滴，必须不断加快步伐，因为它会一边落一边加速，直到达到一个顶点。如果是在真空中，雨滴的加速将一直持续下去，但在空气中的话，空气阻力会减缓它的下落。当重力和空气阻力相互平衡时，水滴停止加速，达到终端速度。当然，雨滴的大小和重量决定了这个速度能有多大，雨滴越重，则速度越快。并不是说雨滴违背了伽利略的定律——大型物体和小型物体具有完全相同的加速度，只是就其大小与质量之比而言，小雨滴遇到的空气阻力更大，这和羽毛比卵石下落慢的原因是一样的。直径小于 0.5 毫米（盐粒大小）的毛毛雨，终端速度为 4.5 英里 / 时，直径约 5 毫米（家蝇大小）的大雨滴，终端速度为 20 英里 / 时。相比较而言，一个下落的人会以 125 英里 / 时的终端速度冲向地面。

雨滴的形状跟泪滴不一样。最小的雨滴，比如构成毛毛雨或苏格兰雾的那些，几乎是完美的球形。当它们变大到 5 毫米的大小，底部将由于空气阻力而变平，呈现出一种像圆面包一样的轮廓。超过 5 毫米的雨滴，在圆面包底部会形成一个凹坑，看上去越来越像蘑菇头或肥大的降落伞。9 毫米是上限，如果大于这个值，雨滴就会分裂成更小的液滴，因为在较高的终端速度下，空气阻力与速度的平方成正比。

另一个影响雨滴下降速度的因素是大气密度。即便重力更小，火星上的雨滴也会比地球上的雨滴下落得更快，因为火星上几乎没有空气阻力。在过去的几千年里，我们星球的大气密度可能发生过变化，直到最近才找到办法测量这些变化。在南非普里斯卡附近的一个农场里发现了雨滴印记的化石，火山喷发出来的一层新火山灰变成了岩石，保留下了这些痕迹。通过鉴定岩石的年代，证明这场过境阵雨是在 27 亿年前发生的。分析这些微小陨石坑的科学家们意识到，它们不仅仅是时间胶囊，更是对大氧气事件期间大气厚度的写照。他们估计，这些古代雨滴的直径为 3.8 ～ 5.3 毫米。考虑到溅出来的半径，大气密度与今天相比并没有多大不同，所以吹在时间旅行者脸上的风和今天地球上的任何风，感觉是一样的。

· 格言 ·

心情照亮世界。

——马丁 · 海德格尔

“天气真好！”我的邻居早上说。确实如此，阳光灿烂，温度暖和，只有一丝微风。她指着天空，我抬头一看，发现除了一点不规则的积云碎片外，几乎没有云，秋日的天空一片蔚蓝。她微笑着，我也心情愉快，即使在邮箱里发现一份水电费账单对我也毫无影响。明媚的日子使每个人都精神振奋。正如普鲁斯特在《追忆似水年华》中所写的那样，“天气变化足以重新创造世界和我们自己”。

在俗语中，常常把天气和情绪之间的密切关系展现出来。为了安慰那些身体不适（under the weather）的人，我们会送去一丝希望，告诉他们每朵云彩都有银边。一件容易完成的事情就像微风，但你可能会被一件困难的事压得喘不过气（snowed under）。此外，我们似乎都有自己的内在“天气”：乐观主义者具有阳光般的性格；梦想家就好像总是头在云端般游走；情绪管理差的人有暴风雨般的脾气；一个酒肉朋友是善变的，肯定不会完全让人满意（right as rain）。冲突前的和缓就是暴风雨前的平静。下雨会让人忧郁，“雨天走开，改天再来”[1]。

有时候很难判断是天气让你情绪低落，还是你本来就情绪低落。季节性情感障碍肯定是因为前者，患者的情绪会随着北半球日照时间的减少而变坏。患有偏头痛的人说，多雨的低气压系统会导致他们头痛症状严重。但是不是反过来也成立呢？我们内心的情绪能否通过某些微妙的念力去影响天气？作为自负的生物，人类有时会认为天气映照出了自己的情绪。在文学中，这被称为拟人谬化——风是愤怒的，灰暗的云是阴沉的。

· 文学中的雨 ·

作家们会梳理出情绪化的、有感知能力的生物们所经历过的来自天气的亲密暗示。在经验感官上，最伟大的作家都是曲折变化和类比的大师。他们用自己的方式总结现象，就像最详细的科学观察一样精确。文学作品里面充满了各种雨天。

可以肯定地说，灰蒙蒙的雨天是令人伤感或忧郁的，而雨夜可能更令人沮丧。对于像埃德娜·圣文森特·米莱（Edna St. Vincent Millay）这样的诗人来说，悔恨和失去的爱会在一个雨夜萦绕心头。想想她的《十四行诗之第 43 首》（“Sonnet XLIII”）的开头。

我的嘴吻过谁的唇，在何处，为了何故，

1. 原文为“Rainy day go away, come again some other day”，来自英国童谣。

我都已淡忘，又是谁的手臂
我枕着直到天明；但今夜的雨
满是鬼魂，在玻璃上
敲打叹息，倾听着我的回音，
而我心中翻涌起无声的痛苦，
因为那些被遗忘的年轻男子再也不会
在午夜里转身向我，朝我呼喊。

雷·布拉德伯里（Ray Bradbury）在他的小说《绿影白鲸》（*Green Shadows, White Whale*）中，写下了或许是最凄凉的关于雨夜的一段话，“我上床睡觉，半夜醒来，以为听到有人在哭，以为我自己在哭，我摸了一下脸，脸上很干。于是我看着窗户，心想：为什么会这样？对，只是下雨，这该死的雨，总是下雨，然后我翻了个身，更难过了，摸索着寻找我那湿淋淋的睡眠，想把它放回原地”。布拉德伯里描写的是爱尔兰的一个雨夜，那里的降雨几乎和英国一样多。他谈论的是阴郁的心情。如果他生活在维多利亚时代晚期的英国伦敦，情绪可能会更糟。1890 年 12 月，整整一个月，伦敦气象局没有记录到哪怕一分钟的阳光。

托马斯·默顿（Thomas Merton）写下了一个神秘的体验，是关于他在黑暗中聆听雨声的：“这是一种什么样的感受啊，夜晚时完全孤身一人坐在森林中，被这美妙、难以意会、全然天真、最堪慰藉的话语萦绕着，还有雨水从山那边传来的自言自语，以及空濛中四处传来的河道里的淙淙低语。”

这就像那么回事了。现在我们进入了崇高而神秘的诗境，而默顿绝非唯一一个在雨中听声的作家。汤姆·罗宾斯（Tom Robbins）在他的小说《啄木鸟的静默生活》（*Still Life with Woodpecker*）中，描述了美国西海岸的雨落到令人致幻的景观上的情景，那是在西雅图，“毒蘑菇喜欢稀薄、灰色的雨。下个不停的雨知道每一个进入衣领和购物袋的隐藏入口。安静的雨会使铁皮屋顶生锈却不发出一声抗议。萨满的雨会激发出想象力。雨实际上是一种秘密语言，它低声作响，像原始人的狂喜，是万物的本质”。

巴勃罗·聂鲁达说，他小时候就掌握了雨的语言：“我的诗歌诞生于山与河之间，它的声音来自雨水。”沃尔特·惠特曼不仅听雨说话，还和雨交谈，他在写于1885年的诗《雨话》中发问：“你是谁？”而雨以一种奇妙的方式作答，兼具抒情性与科学性。

> 我是地球的诗篇，雨说道，
>
> 永恒之我从土地和深不可测的海洋中升起，
>
> 升到空中，在那里模糊成形，全然改变，最终恢复原形，
>
> 落下去洗濯久旱、原子、地球的粉尘层，
>
> 一切若没有我，便只是种子，潜伏于下、无法出生：
>
> 一直以来，日日夜夜，我把生命还给自己的本源，使它纯洁，令它美丽。

惠特曼在诗中抓住繁育的主题，呼应了2000年前的神话作品。在埃斯库罗斯的《达那伊德》（*Danaids*）中，阿佛洛狄忒宣布了她对生殖周期的统治：

纯净的天空喜欢侵犯土地，
而土地被这种拥抱的欲望所占据；
倾盆大雨使土地肥沃，从而使羊群有了牧场，
使得墨忒耳的汁液和树上的果子都长出来。
在这些潮湿的拥抱中，万物诞生。
而一切都是我的创造。

约翰·厄普代克（John Updike）在小说《兔子富了》（*Rabbit Is Rich*）中发出了天堂的哀歌："雨是优雅的，是从天上降到地面的；没有雨，就没有生命。"

道格拉斯·柯普兰（Douglas Coupland）在多雨的温哥华长大，我怀疑，与其他许多人不同，他发现灰暗的雨天对他个人有滋养作用。他的短篇小说集《上帝之后的生活》（*Life After God*）中的角色承认，"雨水的丰沛让我感到安全和受保护，我一直认为雨是一种治疗——一条毯子或是一个朋友的安慰。在任何特定的日子里，如果没有一点雨水，或者地平线上至少有一两朵云，我就会被阳光的信息淹没，并渴望降落的雨水带来的那种至关重要的、使世界安静的礼物"。

有一种特殊的气味，一种令人陶醉的芳香会伴随雨水而来，尤其是在一段时间的干燥之后。芭芭拉·金索尔弗（Barbara Kingsolver）在《豆树青青》（*Bean Trees*）一书中这样描述："我们闻到雨味的时候，它的气味如此强烈，似乎不只是一种气味。当我们伸出手时，能感觉到它从地面上升起。我不知道一个人怎样才能描述出那种气味。"

在金索尔弗写下这篇文章的几十年前，澳大利亚的两位矿物学家伊莎贝尔·乔伊·贝尔（Isabel Joy Bear）和理查德·格伦费尔·托马斯（Richard Grenfell Thomas）就已经着手描述雨的气味了，而且还发现了用泥土做的配方。他们把晒干的岩石和黏土磨碎，用水蒸气蒸馏法从混合物中提取气味。岩石从大气中吸收的萜烯构成了这种芳香的主体。1964 年，贝尔和托马斯在科学杂志《自然》上发表了他们的研究结果，称这种气味为“petrichor”，源自希腊语中的“petro”（岩石）和“ikhor”（众神之血）。然而矛盾的是，只有长时间的干旱才能在澳大利亚的岩石和黏土中最大程度地注入这种气味。

·干旱、降雨以及天意·

当美国探险家刘易斯和克拉克在 1804 年第一次来到内布拉斯加州和堪萨斯州时，他们在日记中记载，该地区太过干旱，无法支撑农业的发展。然而，60 年后，在铁路和征地投机者的激励下，一股向西流动的移民潮开始在那里出现。当这些拓荒者开始耕地时，发生了一件不寻常的事——一种似乎是在祈求上帝保佑的现象——天开始下雨，而且是大降雨。1870 年揭开了之后 20 年不同寻常的大降雨的序幕，见证了成千上万农场的建立和扩张。

天命论的狂妄体现在了一个新的先锋格言中，“犁后有雨”这句话很快被赋予了准科学的合理性。来自新成立的内布拉斯加州立大学的教授塞缪尔解释说，降雨量增加是耕作带来的直接结果，因为耕作使得“土壤的吸收能力大大加强”。他坚持说这会导致土壤捕获更多的水分，因此带来更多的蒸发、更多的云和更多的雨，等等。这是合乎逻辑的。接下来的 20 年里，迎来了一场接一场的倾盆大雨，他的理论一直成立，土地变得肥沃起来。然而，1890 年，雨停了。

在那之后的两年内，大批移民离开，堪萨斯州西部和内布拉斯加州遭受干旱的地区几乎失去了一半人口，留下来的自耕农适应了这种气候。直到 20 世纪，他们靠种植小米、高粱和冬小麦等耐旱作物勉强度日。物产并不丰富，但如果准备好省吃俭用、节省开支，那么土地是充足的。

缺雨并不是自耕农们面临的唯一灾难。在他们的痛苦之中，一种新型的企业家开始跟踪干旱的农业社区和小城镇，他们就是“造雨人”。以“雨巫师”或“那个澳大利亚人”之名而著称的弗兰克·墨尔本（Frank Melbourne）就是其中最著名的一位。他身材高大，仪表堂堂，蓄着黑胡子，这使他具有了一种《旧约》般的权威。他出生在爱尔兰，后来移居澳大利亚。那里一定是他学会造雨的地方，因为他告诉他的客户，他被迫逃离澳大利亚，以避免因引发洪水而被捕。好吧，农民们相信了他的故事。

墨尔本为一场至少覆盖 50 平方英里的大雨收费 500 美元，这在当时是一笔巨款，尤其是对手头拮据的农民来说。他在从俄亥俄州的坎顿一路延伸到怀俄明州的夏延的农业社区里工作。他的技巧很神秘，最主要的是他的“雨磨机”，据说这台机器利用了一个曲柄和特殊的气体，尽管并没有人见过它。他把它装在一个黑色的大背包里，包里还放着他的手枪，以阻止过度好奇的旁观者偷看。在夏延，他说服 23 名农民把积蓄集中起来，并把自己锁在马厩里，用毯子把所有的窗户都遮上。在那里，他施展了他那无声的魔法。

第二天，大雨倾盆而下，《夏延日报》（*Cheyenne Daily Sun*）发表了一篇热情洋溢的文章，称赞他的成功。后来，在堪萨斯州的古德兰，他连续操作了好几天"雨磨机"，但连阵雨都没有下过，堪萨斯州的其他地方确实下过雨。墨尔本声称，是风将他的影响吹离了轨道。即使只取得了中等程度的成功，《芝加哥论坛报》（*Chicago Tribune*）还是写道："墨尔本成功地使雨得以降落，他最近在古德兰的实验取得了圆满的成功。"突然间，墨尔本成了干旱平原上的明星人物。在接下来的几年里，他的生意好坏参半。1894 年，在把自己的秘密卖给古德兰的三名商人后，他神秘地在丹佛的一家酒店的房间里自杀了。三名商人各自成立了造雨公司：古德兰人造雨公司、州际人造雨公司和斯威舍雨水公司。

另一位古德兰市民、铁路工人克莱顿 · B. 朱厄尔（Clayton B. Jewell）私下琢磨出了墨尔本的方法。他成功地将自己的技术推广到岩岛铁路公司，该公司承包并翻新了一辆特殊的造雨轨道车供他使用。虽然大部分装置都藏在里头，但车顶上有一些管子伸出来释放特殊的气体。好奇的围观群众看着蒸汽从管道中涌出，消散在天空中。朱厄尔变得大受欢迎，甚至超过了墨尔本。很快，像当时许多聪明的造雨人一样，他向西前往加利福尼亚，那里才有大钱可赚。

不幸的是，对朱厄尔或其他十几位造雨人来说，加州并不是一个黄金之地。干了几年之后，他丢掉了声誉。但造雨的篇章还没有结束。其他人都在走下坡路时，最著名的一位造雨人查尔斯 · 哈特菲尔德（Charles Hatfield）才刚刚登场。

不像那些前辈们，哈特菲尔德熟悉气象学。当他还是圣地亚哥的一个小男孩时，就读过市图书馆里所有的气象学书籍，并且悟到也许可以用化学蒸汽来刺激雨云形成的道理。1902 年，一个阳光明媚的日子，他带着在一个浅平底锅里调制的混合物，爬上了父亲牧场里的风车。当天，那里就下雨了。

查尔斯·哈特菲尔德已经看到了自己的命运。有着淡蓝色的眼睛、高高的颧骨和准科学词汇表的他，看起来和听起来都像是一位天生的造雨高手。1904 年，他和 30 名洛杉矶生意人打赌，说自己能在 1905 年冬天和次年春天为该地带来 18 英寸的降雨。查尔斯称自己不是造雨人，而是“水分加速器”。“我不能让天下雨，”他表示，“我只是把云吸引过来，然后由它们干完剩下的事情。”他建了个雨塔——一个 20 英尺高的木塔，顶上有一个金属罐，然后开始召唤雨水。围观群众看他工作时总是印象深刻。他会爬到塔上，搅动罐里的化学物质，从里面升起的一大团蒸汽涌向空中。

《洛杉矶观察家报》（*Los Angeles Examiner*）发表过一篇采访，哈特菲尔德在其中解释了自己的技术：“当我通过我的知识判断出有饱和潮湿的空气盘旋在比如太平洋上空时，我立刻开始用化学物质来吸引这团空气，将我的努力建立在关于内聚力的科学原理之上。我不与自然抗争……而是用这种微妙的吸引力来追求她。”

当然，那年冬天大雨如注，哈特菲尔德的名声越来越大。他在西海岸拿到了各种各样的合同，从不列颠哥伦比亚省到墨西哥。唯一的反对意见来自美国气象局局长威利斯·摩尔（Willis Moore）。每当一家报纸发表赞扬哈特菲尔德造雨能力的文章时，摩尔都会让气象局发表一份尖刻的抨击声明。圣地亚哥气象局甚至威胁要以欺诈罪起诉哈特菲尔德。但人们更清楚地知道，哈特菲尔德可以让天下雨。

也许是因为狂妄自大，又或者是出于想要在家乡证明自己的骄傲，哈特菲尔德回到了圣地亚哥，这里注定要成为他的伤痛之地。一场毁灭性的干旱在这儿肆虐了四年，城市水库的储水量下降到库容的 1/3。哈特菲尔德这位土生土长的英雄，和圣地亚哥市议会达成了一份口头协议：10000 美元，他会在 1916 年结束之前注满水库。如果他失败了，一分钱也不要。

哈特菲尔德在水库旁建了一座蒸发塔，1 月 1 日动工生产蒸汽。五天后，开始下雨了。接下来简直像天漏了一样，圣地亚哥在一个月内接收到了 28 英寸雨水。不仅填满了水库并溢了出来，而且在 1 月 27 日，附近的两个水坝，甜水（Sweetwater）和下奥泰湖（Lower Otay Lake）决堤了，淹没了山谷，铁路、桥梁、道路以及数百栋房屋被毁。洪水共造成 20 人死亡，一时间谣言满天飞，愤怒的市民组织起一个武装团伙，打算用私刑处死哈特菲尔德，但他已经骑马逃离了这座城市。

2 月份，哈特菲尔德又勇敢地折返收取费用，但市议会拒绝支付，除非他接受总计 350 万美元的赔偿责任。他坚持说那不是他的错，这座城市本该为洪水做好充分准备。但没有书面合同，说什么也没用。哈特菲尔德顽强地不肯放弃，先是试图以 4000 美元和解，没有成功，于是他起诉了该委员会。诉讼坚持了 22 年都没有成功。在后来的两次审判中，法院裁定降雨乃上帝所为。

· 干旱 ·

哈特菲尔德继续从事着他的买卖，1929 年股市崩盘结束了他的职业生涯。1931 年，北美东部遭遇了创纪录的干旱。第二年，干旱加剧，向西蔓延到中西部和大平原。夏季气温飙升。1934 年，在伊利诺伊州的一次热浪中，有 370 人死亡。两年后，在 1936 年 7 月 5 日至 17 日，一场更致命的热浪袭击了加拿大的马尼托巴省和安大略省，导致 1180 人死亡。温度计的汞柱飙到了 44℃的峰值，钢轨和钢梁扭曲变形，路上的沥青开始融化。在农村，农民们无助地看着他们的水果在树上被煮熟。

曾经的北美粮仓变成了尘暴干旱区。大地干裂了，留下了比男人的手臂长度还深的大裂缝。长达 10 年的干旱带来的最具戏剧性的后果之一是一系列史诗般的沙尘暴。在肮脏的 20 世纪 30 年代，跟随在犁后面的，是尘土，而不是雨水。干旱有沟的地表碎成沙子和干燥的壤土。庄稼歉收的田地没有植物的根系来保持水土，大片土地上的牧草被破坏殆尽，以至于干燥的风可以卷起表层土壤，把它们带到云层之上。德克萨斯州、俄克拉荷马州、堪萨斯州、科罗拉多州和新墨西哥州遭受的沙尘暴尤为严重，这片地区后来以“抹布”(dusters）一名而著称。

民谣歌手伍迪·格思里（Woody Guthrie）23 岁那年在德克萨斯州经历了一场最糟糕的沙尘暴。1935 年 4 月 14 日，风暴来袭的那一天，现在被称为“黑色星期天”。格思里和他的邻居们看着一团 1000 英尺高的尘埃云滚滚而来，还来不及跑回自己家掩护，嚎叫的黑影就已经降临在他们身上。他写道：

我们坐在一个小小的旧房间里，天太暗了，伸手不见五指，也看不见房间里的任何人。你可以打开一个电灯泡，一个良好、坚固的电灯泡。在小房间里，挂在里面的电灯泡看起来就像一支燃烧的香烟，这就是你能从它那里得到的所有光。这群人中很多人都有宗教信仰，都熟读经文，他们说："好吧，男孩们，女孩们，朋友们，亲人们，一切都结束了。这是世界末日。"每个人都在说："再见，很高兴认识你。"

但这还不是最糟糕的。最大的沙尘暴是一场为期两天的"马拉松"，就在一年前的 1934 年 5 月 9 日袭击了美国大平原。据估计，风暴携带了 3.5 亿吨表土，其中 1200 万吨最终被倾倒在芝加哥地区，其余的被吹向东部，把纽约、华盛顿和波士顿搞得天昏地暗，然后挪向大海。距离大西洋海岸数百英里的船只都遭遇了猛烈的降尘，一些甲板上堆积的灰尘达到了 1/4 英寸厚。到 20 世纪 30 年代末，美国大平原 75% 的表层土壤已经被吹走。

·最后一个造雨者·

第二次世界大战期间，降雨量恢复到正常水平，表层土壤逐渐得到补充。地区性干旱继续祸害着加州，但 20 世纪 30 年代那种规模的干旱并未卷土重来。造雨者也不复归来，除了一个奇怪的例外——威廉·赖希（Wilhelm Reich）。

赖希是一位奥地利精神分析学家，他在1930年左右率先开创了生物能量分析学科，这是一种以身体为导向的心理疗法。事实证明，这是他对心理学的最后一点合法贡献。接下来的10年里，他变得越来越不理智和不安分，先是搬到了挪威，然后在“二战”爆发前夕搬到了美国。在纽约，他开始幻想奥根（orgone），一种蓝色颗粒状的能量形式。他声称，奥根存在于所有生物身上，也存在于泥土和天空之中。1942年，他离开纽约，在缅因州买了一处房产，取名为奥根农（Orgonon）。这片土地不但是他的住所，还是一个实验室和一个小型研究社区，他继续致力于分离和聚集奥根能量以及将其应用于治疗。他的研究中最具标志性的产品是奥根蓄能器，是一个金属外壳的盒子，病人可以坐在里面治疗各种小毛病。他开始制造这些东西，并把它们寄送给客户。就在那时，他引起了美国食品药品监督管理局（FDA）的注意，FDA基于一些人提出的欺诈医疗索赔展开了调查。

与此同时，赖希的虚构妄想仍在继续。1951年，他发现了奥根能量的邪恶孪生兄弟——致命的奥根辐射。似乎这种辐射在大气中的聚集正是沙漠的成因，但足智多谋的赖希还有他的金属工具能破解其危害。他建造了一个倒过来的奥根蓄能器，称为“破云器”。它由两排15英尺长的铝管组成，每排4根，固定在可以旋转的底座上，能指向几乎任何方向。为了让破云器正常工作，底座上连接着十几根接地电缆，电缆的两头必须放在水中或土壤中。它看起来像是高射炮和阻击火箭发射器的混合体，但其中并没有化学品、炮弹或电流。为了摧毁致命的奥根辐射，他只需把破云器对准天空即可。他还声称该装置可以降雨。

当赖希的邻居们听说他在实验室里的这番作为后，他们可就不仅仅是相信了。事实上，在1953年的一次本地旱灾中，附近的两名农民雇佣赖希为他们干涸的蓝莓树造雨。据《班戈每日新闻》（*Bangor Daily News*）记载，一名目击者称，7月6日早上，赖希在自家农场附近架上了破云器，当晚就下起了雨。美国出现了一位新的造雨者。

与此同时，实验室里的情况却不太好。晚上，在奥根农上空，赖希看到细长的雪茄状“外星船只”拖着致命的奥根流。这显然是他的破云器要面临的任务，它成了赖希所说的“全面星际大战”的前沿武器。1955年，他搬到了亚利桑那州，在那里用两个破云器击落了不明飞行物，或者是如他所称的“阿尔法能”。第二年，也就是1956年，由于FDA的指控，他被逮捕并最终被监禁，此后就再也没用过他的破云器了。直到今天，机器原型仍然闲置着，完好无损地立在奥根农的地面上，就在一片松树林的边缘。

·真正的造雨者·

当威廉·赖希在缅因州设计奥根蓄能器时，一个美国科学家三人组即将找到通过操纵云层来降雨的办法。他们的实验室离赖希还不到200英里，在纽约州的斯克内克塔迪。这项研究是由诺贝尔化学奖得主欧文·朗缪尔（Irving Langmuir）主持的，他当时和军方签订了合同，研究云的形成。他有两个助手，伯纳德·冯内古特（Bernard Vonnegut）和文森特·谢弗（Vincent Schaefer）。伯纳德的哥哥库尔特（Kurt）[1] 也在实验室里，负责写新闻稿。

斯克内克塔迪的实验项目之一集中在人造的过冷云上，它被悬挂在冰箱中。朗缪尔试图在不用把冰箱温度降至 −40℃的情况下诱导水滴结晶。谢弗执行这个实验，他一直在向云室中添加各种化学物质，但没有成功。1946 年 7 月一个非常炎热的日子里，冰箱的电机在努力维持着过冷云，似乎已经过劳。所以谢弗想，他可以把一块干冰扔进冰箱，从而加快冷却过程。果不其然，实验用的云立即结晶了，能看见空气中无数晶体发出闪闪点点。他试了小块的干冰，发现小得不可思议的量仍然能够触发大规模结晶过程。干冰引发了一种连锁反应，结果远远超出输入，这是一个突破。

朗缪尔从谢弗那里听到结晶反应后，立刻意识到干冰的潜力："我们必须进入大气层，看看能否利用天然云做到这一点。"1946 年 11 月 13 日，谢弗租了一架飞机，在伯克希尔上空飞过一片冰冷的云层。当朗缪尔在几英里外的机场控制塔里用双筒望远镜观察时，谢弗将 6 磅干冰颗粒倾倒在一片 3 英里长的云层上。朗缪尔看到的景象让他震惊，雪开始从云中落下，形成了厚厚的白色圆柱。

库尔特·冯内古特一定在当天下午发了新闻稿，因为第二天，《纽约时报》就刊登了一篇热情洋溢的文章，介绍了这一突破。几个月后，1947 年 1 月，伯纳德·冯内古特发现碘化银比干冰更有效。媒体开始疯狂炒作：定制的暴风雪可以送到滑雪场，饱受干旱之苦的农民可以用雪灌溉他们的土地。商业潜力巨大，朗缪尔和他的团

1. 美国著名小说家库尔特·冯内古特，代表作有《五号屠宰场》等。

队即将暴富。2 月，国防部采取了行动，将所有的人工降雨实验都移交给军方管辖，并关闭了斯克内克塔迪的实验室。军方给人工降雨计划取的代号是“卷云计划”(Project Cirrus)。如果成功了，他们就能把天气变成武器。

在卷云计划的早期，天空对这一计划提出了限制。或者更准确地来说，平流层是这一计划的极限。但由于沾沾自喜，美国国防部正在寻找一个合适的机会，来展示自己所拥有的力量。他们需要一个值得尊敬的对手——一朵真正巨大的云。如果能驯服大自然中最猛烈的风暴，并平息狂躁的飓风，那会是怎样？毕竟，飓风只不过是一系列连在一起的巨大积雨云，而积雨云很方便播撒干冰。

· 塞布尔角飓风 ·

1947 年 10 月，绝佳的机会现身了。当季的第八次飓风在佛罗里达州南部的塞布尔角登陆后，向着东北方向加速，引发了严重的洪水，然后向大海进发。10 月 13 日上午，飓风已离岸 350 英里，据推测不会再对任何有人居住的地区构成威胁，因此卷云计划发动了三架载有 180 磅干冰的飞机。当他们到达风暴点时，丹尼尔·雷克斯（Daniel Rex）中校让飞机将 80 磅干冰倒在了架子云的西南部分。然后他瞄准了两个对流塔，都是 60000 英尺高的积雨云，在每个对流塔上面又倒了 50 磅干冰下去。几乎在一瞬间，云层开始发生了变化。于是他报告说，完成了一次“明显修改了云层的播撒”。

倾倒干冰影响了近 300 平方英里范围内的风暴云层，飞机也返回了位于佛罗里达州坦帕的基地。按照计划，播撒干冰应该会破坏飓风的对流流动，使其消散或至少减弱强度。然而事实却相反，14 日晚上，风暴转了个方向，径直返回佐治亚州，并于第二天早上登陆。幸运的是，它来袭时只是一级飓风。虽然有 1500 栋建筑被毁，但没有发生重大的洪水灾害。随后卷云计划被悄悄取消了。

但美国军方并未结束将天气武器化的授权。最后一次使用人工降雨是在越南战争期间，1967 年 3 月发起了一次名为“大力水手行动”（Operation Popeye）的秘密进攻。在接下来 5 年里，第 54 气象侦察中队定期在胡志明小道[1]上空播撒干冰制造季末季风云，将雨季延长了 30 ～ 45 天，让使用这条运输线的越共士兵的生活变得奇惨无比。这次行动的口号是“造泥浆，而不是战争”。大力水手行动在 1972 年被日内瓦《禁用改变环境技术公约》叫停，5 年后，美国签署了禁止气象战争的国际条约，该条约于 1978 年生效。

即便如此，商业人工降雨在这一时期仍在继续。卷云计划失败后，该技术开始应用于商业领域。美国历史最悠久的人工改变天气的公司“北美气象顾问”（North American Weather Consultants）成立于 1950 年，一直在犹他州上空播撒干冰制造云层。如今，它是一家蒸蒸日上的公司，犹他州的气象学家估计，它成功地为该州的河流和水库每年增加了约 25 万英亩呎的水量。北美气象顾问公司只是众多造雨的企业之一。在如今的美国，播

1. 越老边界和越柬边界的山林中的一条运输线。

撒干冰几乎和喷洒农药一样司空见惯。许多其他国家，包括澳大利亚、摩洛哥、塞内加尔、德国、俄罗斯、科威特、阿联酋、印度、印度尼西亚、马来西亚和泰国在内，也在人工改变天气技术方面进行了投资。但世界上规模最大的人工降雨出现在中国，那是 2008 年夏季奥运会期间，为了确保开幕式和闭幕式是晴天，人们把装载着碘化银的火箭发射到云层中，把雨从北京迎风的云层中赶了出去。

当然，如果没有云，人工改变天气是根本不可能的。世界上有些地方已经几十年没见过云，更别说下雨了。其中的一个地方是智利的阿里卡，位于阿塔卡马沙漠北端。阿里卡可能是世界上最干燥的城市。尽管它位于太平洋沿岸，而且邻近山区，照说应该能提供充足的地形雨，但它却是完全干燥的。从 1903 年到 1917 年的 14 年间，没下过一滴雨。而在阿塔卡马的内陆地区，更是已经有 400 年没有过降雨了。

这听起来像是气象学上的一个矛盾，然而并不是。阿塔卡马沙漠的极度干旱是三种气象因素共同作用的结果。第一，它位于南太平洋反气旋高压带中部，是一个半永久性的晴天区域。第二，寒冷的洪堡洋流在近海上涌动，阻止了海洋上任何对流云的形成。第三，该地区不幸地成为从东到西反向雨影效应[1]的受害者——安第斯山脉阻挡了来自亚马孙雨林的任何水分。

---

1. 当山地迎风坡发生地形抬升降水时，背风坡可表现出晴好天气，形成雨影。

· 天漏了 ·

奇怪的是，位于2500英里之外智利另一端的小镇巴伊亚菲利克斯，却是雨天的世界纪录保持者，平均每年有325天下雨。同一个国家怎么会有如此极端的降水分布呢？智利的国土面积很具有迷惑性，虽然很窄，但是很长。如果你把智利从南到北颠倒过来，再按纬度把它放到北美，那么巴伊亚菲利克斯会坐落在哈德孙湾，而阿里卡会挨着牙买加。

与地球上雨水最多的那些地方相比，干旱的阿里卡所拥有的独特性是一个例证。这些多雨地区都位于山脉迎风的一侧，尤其是太平洋沿岸的那些。例如，温哥华岛西海岸的伦弗鲁港，每年的降雨量为138英寸。但是在位于热带太平洋中部的夏威夷，其考艾岛的怀亚雷山西侧每年的降雨量是它的3倍，约为460英寸。印度洋上的留尼汪岛也有大量降雨，1952年3月15日至16日的24小时内，岛上西拉奥斯镇的降雨量达到了74英寸。目前年降雨量的世界纪录保持者是印度东北部一个名叫乞拉朋齐的村庄，1860年这里的季风雨达到了1042英寸，这个纪录至今未被打破。

我不知道乞拉朋齐当地关于大雨的俚语是什么，但在北美，大雨期间，人们会说“天上下着猫和狗”或者“拿桶泼”。威尔士的倾盆大雨是由老妇人和拐杖带来的，捷克人则说这是一场“手推车送的雨”。澳大利亚人把一场大雨叫作“青蛙绞杀者”，而在苏格兰，一场倾盆大雨被说成是“往下扔”。希腊人会说正在“下椅子腿”，而在德国，大雨是“年轻的鞋匠们带来的”。

· 尼禄的雨宫 ·

把这个问题留给罗马人吧，他们对庇护所的理解和我们有点儿出入。从奥古斯都开始到尼禄结束的朱里亚·克劳狄王朝，以鱼肉百姓的统治而闻名。尼禄代表了帝王无度挥霍的顶峰，他幻想自己是一个超级歌唱家，经常参加远在希腊的音乐比赛，还在罗马为贵族举办私人音乐会。据罗马历史学家苏维托尼乌斯在他的《凯撒们的全部生活》（*Lives of the Caesars*）一书中写道，要逃离尼禄冗长、单调、乏味的个人表演，唯一可行之法就是装死，或者从二楼厕所的窗户上跳下去。

尼禄和许多其他罗马皇帝一样，对建筑很感兴趣。他喜欢和他的私人建筑师一起钻研比例模型，而且特别热衷于为宫殿设计雄心勃勃的方案，还会花费很多年时间去勾画。然而在罗马，空置的地块不足，没有哪里可以建造大的建筑。直到 64 年，机会来了。

由于小提琴还没有被发明出来，所以尼禄不可能在罗马被焚毁时演奏它。然而，他确实抓住了罗马市中心那片新开发土地所带来的机会，构建了自己的梦想建筑。他将他的宫殿命名为金色圣殿（拉丁语 Domus Aurea），中心是一个宏伟的餐厅，尼禄会在那里举行庆祝他神化的私人仪式。在他的头顶上，大厅的天花板上，他委托罗马最重要的两位建筑师西弗勒斯（Severus）和塞勒（Celer）建造了一系列嵌套的半球形旋转穹顶，模拟了行星在夜空中的运动。正如苏维托尼乌斯所写的："主厅昼夜不停地旋转，就和这世界一样。"尼禄还让他的工程师将一个精巧的金属管道网络整合到旋转的穹顶上，他一声令下，雨水就会从人造天空中落下。

尼禄的导师、另一位罗马历史学家塞内加这样描述这些机制：“一名技师发明了一种系统，通过它，藏红花色的水从很高的地方倾泻而下。他还成功地组装了这间大厅天花板的嵌板，使它可以随意改变。”不幸的是，尼禄遭到了弗拉维王朝的唾弃，他自杀后，在一场作为报复的除名毁忆行动中，取代其统治的弗拉维王朝毁掉了他所有的作品，这座恢宏的旋转大厅以及金色圣殿的其他部分都变成了一堆碎石。

· 冰暴 ·

冰暴是致命又脆弱的造物，需要完美的条件才能施展其危险的魔力。首先，在无风或几乎无风的条件下，整个冰暴期间的地表温度必须保持在 −1 ～ 1℃，通常要持续 12 ～ 20 小时。在离地面较高的地方，云层必须被精确地分出温跃层——交替的冷空气层和热空气层，以保证雨在离开云层时变得过冷。最后，地表物体的温度必须在冰暴前保持在低于冰点的温度至少 24 小时，比如地表上的树木、屋顶、汽车、建筑物等。这个零度以下的“蓄水池”使得过冷的雨水在刚接触时就会被冻上，犹如透明的胶水从天而降。之后，就是累积的问题了。

当树枝或输电线路被冰覆盖时，表面积和质量都会成倍地增加。这意味着，随着每 1 厘米冰的附着，冰的负载系数呈指数级增长，重力先是变成 2 倍，然后是 4 倍，这是一种不可阻挡的毁灭性力量。冰暴其实应该被称为重力风暴。

对树木而言，一场中度强度的冰暴和F3级龙卷风造成的破坏是一样的，每棵树都有所损伤，许多树木会失去主干。不同之处在于，F3级龙卷风的路径通常不到100英尺宽，最多1～2英里长。相比之下，1998年1月袭击北美东部的大冰暴，影响的范围是数千平方英里。在那场冰暴中，4英寸厚的冻雨聚集在所到之处的所有物体上，水电塔倒塌，安大略东部、魁北克南部和纽约州北部的整片森林都开始燃烧。超过300万人断电数日，后来甚至有数千人断电数周，总损失达14亿美元。我躲过了那一次冰暴，但我经历过其他几次。

起初，冰暴似乎是无害的。雨通常很轻，很稳定，经常在冰暴的前夜就下起来。几年前在多伦多，我最近经历的一次冰暴也是如此。太阳刚下山，这场冰暴就在一种幽灵般的寂静中开始了，伴随着雾气蒙蒙的降水来得悄无声息。起初我很难判断雨是否真的冻住了，但晚上我打开一扇窗户，听到了一丝微风吹动树枝时发出的确切无疑的冰棱的嘎吱声。

直到第二天早上我才知道这场冰暴有多严重。7点半左右，我被一声巨响惊醒，接着是撞碎玻璃似的开裂声，就好像一辆汽车开进了离我几栋房子远的一扇平板玻璃窗里。几分钟后，又是同样的声音。我向窗外望去，树都倒了。我穿上浴袍走出去，一些邻居已经在台阶上撒了盐，呆呆地看着这场灾难。“至少我们还有电。”伊芙琳在街对面说道。这是一个灾难性的场景：巨大的树枝耷下来，断了的电线在街区尽头的冰面上闪着电火花。一根较大的树枝压坏了一辆停着的汽车的尾部，另一根树枝躺在街对面，完全挡住了路。一切都被冰覆盖着，这是超现实的、末日式的。当我回到屋里时，我发现电也没了。

我生了一堆火，七手八脚地把车库里仅有的一点柴火抱了进来，壁炉将是我唯一的热源。如果停电时间太长，温度下降，我家的水管可能会和室内植物一起结冰。冰暴是我的许多邻居选择天然气壁炉的理由——在停电期间，天然气仍可使用。

幸运的是，几小时后电力恢复了，尽管炉火还很旺，但房子已经开始变冷。晚上，我听到了更多树枝断裂的声音，但第二天早上完全是不同的一副景象。一股冷锋连夜到来，气温骤降，天空一片蔚蓝。我的后院变成了一幅令人眼花缭乱的水晶切割雕塑，冰冷的树枝和电线在阳光下如棱镜般折射出彩虹。（我注意到冰的光谱色调被限制在黄和紫两种颜色，我猜这是冻雨的有限折射特性导致的。）到了中午，冰开始从阳光温暖的树枝上掉下来，哗啦哗啦地落在人行道上和结冰的院子里。日落时分，附近到处是散落的碎冰管，造型完美地复制了它们之前附着的树枝和电线。

第五章

风暴的秘密生活

我看见了闪电发光的杆子
伸出手，在天空上写下
上帝可怕的亲笔签名。

——乔昆·米勒（Joaquin Miller）

我们这个易受风暴袭击的星球，对星际房产经纪人来说是很难做生意的。想象一下，一对新婚的外星夫妇，渴望在这可爱的蓝色行星上买个房子开始家庭生活。当他们的经纪人列举卖点时，一切看起来都很好：水源充足，14℃的合理的全球平均气温，许多迷人的生命形态和景观，简直是一个虚拟的天堂。外星人对地球人的政治和经济没什么兴趣，但当经纪人开始描述行星的大气状况时，他们就被吸引过来了。“从统计数据上看，这里的大气相当宜人。”然后他很快补充道，“偶尔会有风暴天气扰动。没什么好担心的，虽然有些确实很讨厌。”

“这下我有些担心了，是什么样的麻烦事？”女外星人问。

经纪人看起来不太自如了。他解释道：“嗯，大多数风暴都伴随着一种叫作闪电的电学现象，它是能量的大爆发，能够将云里面的不同电荷带到风暴正下方的高点。”这番话她听得全神贯注。

“多大？”她问道。

“大约几亿伏特。”他回答。

终于，他说出了丑陋的真相：这里不仅有闪电，还有飓风、龙卷风、冰雹、台风和季风雨。地球上布满了风暴，可以随意袭击任何地方，无论陆地还是海洋。事实上，在任何一个时刻，全球范围内大约有 2000 个活跃的雷暴，人类对它们无法控制。真正打消外星人夫妇购买念头的是，风暴每年会杀死数百甚至数千的地球人。

“那火星呢？”男外星人问，“我们来的时候路过了它。”

“嗯，”经纪人回答说，“我必须提醒你，它有沙尘暴，有很多沙子和风，但没有闪电，也没有飓风或龙卷风之类的，只有几个超大的尘暴。那里又冷又干，有可爱、柔和的落日。你们可能会喜欢。”看到外星人夫妇礼貌性的犹豫，他又补充道，“不管怎么说，我们还有另一间办公室离这很近，就在半人马座的阿尔法星系，离这里只有 4 光年多一点”。

作为地球上的永久居民，我们没有移居别处的选择权。无论好坏，我们都被困在这里，但其他地方的情况可能更糟。以木星为例，那里每天都有数百万计的雷电风暴肆虐。事实上，木星的大红斑是一个巨大的、保持不变的飓风，它有一个 19000 英里宽的暴风眼，已经肆虐了至少 300 年。土星也好不到哪里去，当“旅行者号”在 1981 年经过它时，从 37000 英里宽的巨大的赤道雷暴中捕捉到了天电干扰，而该风暴的风速达到了 932 英里 / 时。相比较而言，我们在地球上遇到的真是小巫见大巫了。

即便如此，日常的暴风雨也能造成巨大的冲击。一场典型的雷雨能产生几百兆瓦电力，足够给全美国供电 20 分钟，或者用更暴力的标准来衡量——相当于一颗原子弹释放的能量。所以，当暴风雨赫然出现在地平线上时，我们所能做的一切就是把舱口封好，或者在发生龙卷风时躲进防风地窖里，如果有地窖的话。不过，风暴是如何开始的呢？为什么它们如此暴力？问题的答案和热量有很大关系。龙卷风、飓风、台风和大多数雷暴都需要温暖的天气以及大量水分才能引发，暴风雨就是云在跟我们展示其威力。

夏天的雷暴始于飘过田野、河流和湖泊的一团积云，它孤独游荡，却狂妄自大。这个初生的风暴以上升热气流为食，像真空吸尘器一样把水分抽光，它一边飘移，一边膨胀，直到进入下一个演化阶段，变成一团浓积云。这是一种处于“青春期”的积雨云，可以高达 6500 英尺。现在，第一滴雨开始落下。

就在这个时间点上，发生了两件事。最初使云团膨胀的上升的潮湿空气现在加速了，变成了工业规模的上升气流，同时，多雨的下降气流开始将较冷的空气向下分流。所有这些混乱产生了摩擦，特别是在原子粒子的层面，静电开始在云中积聚电荷。浓积云已经成熟为积雨云，现在有了电势——高处的冷云带正电荷，离地球较近的温暖区域带负电荷，简直是宙斯的兵工厂[1]。这些电荷不断增强，直到一股发光的电子流不可抗拒地连通了断层，就像宙斯射了一箭。

但空气并不是好的导体，即使一次闪电的电压高达数十亿伏

1. 原文为arsenal，来自战神Ares的衍生词。

特，瞬间电流可达数十万安培，但面对就像一块厚厚橡胶板似的大气层，它需要援手。来自新罕布什尔大学的物理学家约瑟夫·德怀尔（Joseph Dwyer）认为，这份帮助可能来自宇宙射线——一种从爆炸恒星的核心发出的以光速运动的高能粒子。我们的星球不断受到数百万宇宙射线的轰击，当它们划过大气层时，会留下带电粒子的长长足迹。这些短暂的通道便是闪电飞到地面甚至有时进入地表的通道。闪电经常穿透几米深的沙土，将矿物颗粒熔合在一起，形成坚硬的、弯曲的管状结构，这被称为雷击石或者闪电石。

·闪电·

雷是好的，雷令人印象深刻；
但真正起作用的是闪电。

——马克·吐温

我童年时在安大略省西南部的家坐落在一条峡谷的顶部，这条峡谷一直向西延伸，覆盖着一片广阔的牛轭湖[1]。这是观看夏季风暴的绝佳位置。我的母亲出生在艾伯塔省的梅迪辛哈特，她经历过草原上的龙卷风天气，在炎热、潮湿、西南风强劲的日子里，她会告诉我们从下午4点左右开始留意西边的地平线。一场猛烈的风暴可

1. 一种由平原地区河曲发育而成的湖泊，因形状恰似牛轭，故得名。

能很快会爆发，所以最好待在一个安全的地方等待它过去。我认为像我一样，我母亲私底下是喜欢雷暴的，虽然她和诗人菲利普·拉金（Philip Larkin）的母亲之间有着某种不谋而合——拉金有一首诗《母亲、夏天与我》是这么写的：我的母亲憎恨雷暴，她举起每个夏日，充满怀疑地狠命摇晃，以免成群的黑葡萄云潜伏在里面。

母亲告诉我们，如果龙卷风真的来了，在所有建筑物中，最安全的地方是西南角，这是有道理的——龙卷风通常从西南向东北方向移动。尽管她如此告诫，但当天气好的时候，我都祈祷会有暴风雨。

当积雨云逼近，特别当它是一场“线风暴”时，会让人兴奋得发狂。这些风暴总是很大，形状也很特别。气象学家现在称它们为飑线。美国画家约翰·斯图亚特·库里（John Steuart Curry）有一幅很棒的油画，名字就叫《线风暴》（*The Line Storm*）。它描绘了美国中西部的一个夏日午后，麦田、绿树成荫的乡村小路、谷仓和一座风车，画的上方和后方隐约可见线风暴黑色的碗状前部正从地平线上升起。风暴占据了整个画的上半部分，画面的前景是一匹拉着干草车的马正在寻找庇护所。库里的画捕捉到了一种一触即发的情绪，即对未知暴力即将来临的恐惧。

夏季期间，我们会例行遭遇雷暴，但也会遇到线风暴的突袭，就像库里画的那样。它们会在下午四五点左右来袭，跟母亲预测的相差无几。热风会突然消失，然后风暴的曲线开始从西边的地平线上升起，就像一个巨大得令人难以置信的飞碟的前缘。在突出的上边缘下方是一个不祥的蓝黑色区域，随着风暴临近而逐渐扩大。你可以看到闪电在那里闪烁，当暴风雨越来越近，你会听到第一声轰隆隆的雷鸣。

我会跑到峡谷边缘的有利位置，我喜欢在那里看风暴边缘掠过头顶，一去不复返。身后的街道上，雷声越来越大，闪电开始投下突如其来的令人惊恐的阴影，大人们摇起了车窗，把晾衣绳上的衣服都扒了下来。这是一场大戏。然后天更黑了，路灯亮了，天空呈现出怪异的紫色或绿色。一如既往，在能看到整个闪电的地方总是会有一道近距离的亮光，紧随其后的是打雷的一声巨响。大约 1 英里开外，在暴风雨的黑暗中，雨幕从乱舞的树梢后面逼近，飑线来了。我会从那个点开始倒数，大约 20 秒后，风打过来，树叶和小树枝开始飞。但我仍站在我的峡谷之巅，直到第一个大雨点落下，我才退回到房子里，以免全身湿透。

在父母家有玻璃墙的阳光门廊那个相对安全的地方，我继续观察着风暴，看着街道变成了一条河。闪电连连，门廊的窗户被雷声震得“咔哒咔哒”作响。被倾盆大雨困住的邻居们把夹克拉到了头顶，但还是连“骨头都湿透了”(soaked to the bone)，就像俗话说的那样。这让我想起了印度南部的雨季——热带的树叶、湿漉漉的胳膊和腿。然后是一道可怕的光，还有响声，非常近。是不是击中旁边的房子了？我准备用父亲在露营时教给我的一招，来试着算出离风暴中心有多远。

闪电中心的温度可达 30000℃，是太阳表面温度的 6 倍，瞬间便能蒸发掉它经过的狭窄的空气隧道。周围的空气被热量推到外面，冲击波以音速传播，直到它以雷声的形式到达我们的耳朵里。通过计算闪电和雷声之间的间隔秒数（每 5 秒相当于 1 英里），就可以确定闪电离自己有多远。直接、垂直的云对地电击（风暴追逐者喜欢称之为 cg，cloud-to-ground）会产生一声响亮的雷声，而分支闪电有时完全被限制在云层中，会产生一串长长的、滚动的雷声。有了秒表和经验，你可以算出分支闪电的高度和长度。但如果你在露营，很容易对暴风雨感到焦虑，这种测算只有专业人士才能胜任。闪电和雷声之间短暂的几秒钟只会增加你的恐慌，当风暴中心越来越近，谁知道下一个闪电会击中哪里？

闪电是危险的。在加拿大，平均每年有 16 人死于闪电，美国平均每年有 95 人。与汽车事故或枪支暴力相比，似乎不算多，但有时这是一种可怕的死亡方式。我的一个朋友在一个多云的夏日下午参加马术比赛，她旁边的另一位骑手被一道凶猛的闪电击中了。马活了下来，但那位骑手没有。几个星期后，我的朋友依然没法从脑子里赶走那股气味。"像烤肉。"她说。那天甚至没下雨。

如果你在户外遇到雷暴，千万不要躲在一棵树下。从理论上讲，灌木丛那种高度统一的矮树能提供更好的保护，如果没有这种保护，最好是在开阔地带双膝双腿并拢下蹲。有些指南会说站或蹲不重要，但之所以要蹲着，是因为那样你的身姿比较低。我来告诉你为什么要这样做。

几年前，我在安大略省北部的一间木屋里，从湖那边的远处突然袭来一场暴风雨，闪电击中了这座屋子。雷电引起的震荡（一定是从木屋里发出的）就像一场爆炸，把我都震聋了。接下来我记得的是，空气突然变得模糊起来，耳朵嗡嗡作响，墙上的一根圆木炸开了。我跑到小屋外面等着暴风雨过去。这是不合理的，但我相信闪电会再次击中那里。

小木屋幸存了下来，但在半小时后对它进行检查时，很明显能看到闪电留下的各式各样的卷须状轨迹。除了把墙上的一根圆木烧焦并剥下一圈螺旋形的木头之外，它还把地板炸裂了，甚至还穿过了一个镖靶上的金属线，从那里跳下来把一个罐子里的水银温度计炸坏了，离我站的地方只有1码远。这是发人深省的，我很幸运。

我童年时代对雷暴的迷恋从那天起发生了改变。现在我真的不认为你会想离闪电那么近，比必须保持的距离更近。这也是我说如果你被雷电困在野外的话，应该蹲下来的原因。你可能会问，为什么要把膝盖和脚并在一起？这是因为如果你的双脚稍稍分开，闪电就会穿过你的身体。血肉是比草和土壤更好的导体。汽车的内部是安全的，因为乘客周围的金属车身会把电击导向地面。在雷暴期间，大型的封闭空间仍然是最安全的地方。在中世纪，人们认为夏天把一根圣诞节原木[1]放入壁炉中可以防止雷击，但现在，只要在暴风雨时远离固定电话就足够了。但奇怪的是，即使飞机受到直接的雷击，一般来说也是安全的。

> 整晚，一片片不知从何而来的闪电在午夜雷暴云上朝着西边颤动，把远处的沙漠变成了浅蓝色的白天。突然出现在地平线上的群山光秃秃、黑黢黢、灰蒙蒙，像一片遵循另一种秩序的土地，在那里真正的地质构造不是石头，而是恐惧。
>
> ——科马克·麦卡锡

1. 在圣诞前夜放入炉中燃烧的大原木。

地球上每天大约发生 44000 次雷暴，这意味着它每秒钟被闪电击中大约 100 次。闪电有多种形状和大小——光热闪电、蜘蛛闪电，甚至冷热闪电。当我第一次听说冷闪电的时候就很喜欢这个概念，想象出了一个伴随着打雷却没有热量的冷氛闪电，但实际上这和真实状况相去甚远。冷闪电和热闪电的区别在于单独一次闪电的回击次数和持续时间。当闪电减速为爬行时，一切都变得可见。

用极端的慢动作镜头来拍摄时，闪电看起来甚至不像闪电，而且还有多于你所能想象的事情在发生。当主领蛇（main leader snake）接近地面时，它那幽灵般闪着火花的卷须朝着各个方向随机伸展，探索着周围的空间潜力。没有连接的卷须会逐渐消失，而接触地面的卷须突然变得白热，因为整个 10 亿伏特的蓄电都会沿着这条成功的单线“灯丝”开拓出的通道加速下降。然后短暂地暗一下，又突然地以同样的形状再次点亮，以一个返回的放电冲上云层。如果这种情况只发生一次，那就是冷闪电。但如果几次持续时间较长的电击沿着相同的路径上上下下，那就是热闪电。

1902 年，回击闪电第一次被拍摄，是通过查尔斯·弗农·博伊斯（Charles Vernon Boys）爵士发明的一种可使用旋转胶片在“漏光”时捕捉闪电的特殊相机。当移动着的胶片曝光于单个雷击的光线下时，它会随时间将影像散布开，这样得到的多次回击闪电照片看起来就像是同一道闪电并排重复产生的“后像”。更多的回击闪电意味着持续的时间更长，击中物体并使其着火的可能性更大，不管是干草还是木头。这就是它被称为热闪电的原因。

不要把光热闪电和热闪电混淆，前者是在热浪中伴随暴风雨而来的无声闪电。多年前，在初夏的热浪中，有好几晚我目睹了家乡上空神奇的光热闪电。一周当中的两三个晚上，夜空中布满了低低的无雨的乌云，然后一连上演几个小时壮观的蜘蛛闪电（有很多分叉和通道，有时候会重组）灯光秀，它们多姿多态，看起来像是把云层缝合起来的电子蕾丝花边。令人毛骨悚然的是，整个场面完全是寂静的。

得说明一下的是，我在家乡看到的这些从常理上来讲是不可能的。关于光热闪电的气象学共识是，它仅仅是离得太远而听不到雷声的闪电。可我看到的大部分光热闪电都发生在我头顶上，不到 1 英里远。

· 风暴上的骑士：妖精、蓝色喷流、精灵、小仙子、地精和山怪 ·

关于闪电的故事变得越来越奇怪了。还有另一种形式的闪电，它不会从云跳到云，也不会从云跳到地面。相反，它直接向上通往天空。在猛烈雷暴的狂怒之上，在平流层和更远处那平静、稀薄的空气中，幽灵骑士像正在消失的幻象一样忽闪和起舞。

这些幽灵当中，有的惨淡得像是暗红色的霓虹灯标识，形状则像水母，出现得很快，好像被一闪而过的火花点亮了一瞬；有的看起来像蓝色的光，快得如同火箭一般从砧云顶部迅速上升；还有的以一个 124 英里宽的粉色甜甜圈照亮了低层电离层。它们都是稍纵即逝的。

这些电子幽灵是明尼苏达大学的科学家们20多年前才偶然发现的。1989年7月6日，他们在夜间测试低光摄像机时，凑巧抓拍到了中西部风暴上空一道奇特辉光的照片。后来的分析证明，该照片没有光学缺陷，某种不寻常的东西正好出现在了暴风雨云层上方的天空里。

这些天上的光被相当诗意地称为"妖精"或"蓝色喷流"。（是的，科学家也可以异想天开。）事实表明，之前曾有目击者描述过这些奇怪的光环。妖精们已经在暴风雨之上跳了数百万年的舞了，所以有理由相信已经有少数人见过它们。只是这些描述太零散，没有人想到去调查它们。

最早的像是蓝色喷流的书面记载发表于1730年，是德国法学理论家约翰·格奥尔格·埃斯特（Johann Georg Estor）在其著作《新文选》（*Neue Kleine Schriften*）第二卷中留下的，他描述了在暴风雨中爬上弗格尔斯山区的一座山的情景。从风暴云的顶端钻出来往下看时，他看到了一些从未见过的东西——在那风暴之上，一道闪电直冲上清冽的天空。

自埃斯特以来，其他观察者对蓝色喷流和妖精的描述屈指可数，但明尼苏达大学的录像让研究得以继续往前发展。过去20年间，更多的神秘闪电被观测到，并且在研究中出现了几种不同的类型。1989年最早被摄像机拍下的这次，由阿拉斯加大学费尔班克斯分校的戴维斯·森特曼（Davis Sentman）和尤金·威斯科特（Eugene Wescott）命名为"妖精"，两人是研究该形式闪电的顶尖专家。他们采用的民俗术语被沿用下来，结果，上层大气闪电现象的名称听起来更像是应该出现在《指环王》中，而不是科学论文里。

甚至他们的竞争对手、气象学家沃尔特·A. 莱昂斯（Walter A. Lyons）也加入了这个行列。他给自己发现的粉色甜甜圈闪电加上的科学标签是“电磁脉冲源产生的光发射和极低频扰动”(emissions of light and very low frequency perturbations from electromagnetic pulse sources)，取首字母简称为ELVLFPFEPS，但他把它缩短为ELVES，意思是精灵。从那以后，其他神话生物也纷纷加入这个家族，包括小仙子、地精（暴风雨云上边缘短暂出现的发光球）和山怪（TROLLs，transient red optical luminous lineaments的简写，全称意为瞬态红色光学发光线)，山怪是指从妖精身上垂下的红色卷须。

这些缥缈的闪电和那些要把它们下面的云层都烧焦的强闪电完全不同，它们是辐射等离子体，更像是荧光灯发出的光芒。但它们体型巨大，盘旋在离地球25 ~ 56英里的高空。妖精通常有31英里高，而有些精灵的直径超过245英里。它们在电压上的不足，在尺寸上得到了弥补，这使得孕育它们的暴风云也相形见绌。然而，妖精也并非完全没有杀伤力。1989年6月6日，美国国家航空航天局（NASA）的一个高层大气探测器突然发生电路故障，被追溯到是妖精造成的破坏。再想想看，在北卡罗来纳州的雷暴中，威廉·兰金遭遇的无法解释的发动机故障，是不是因为一个蓝色喷流让他飞机上的所有电缆出现了电荷过载呢？我们永远也不会知道了。

·巨大的火球·

1963年3月19日午夜刚过，美国东方航空公司的539号航班从纽约市飞往华盛顿特区，遇到了汹涌的雷暴。乘客们还没来得及系好安全带，突然间，一道光和一声骇人的霹雳声撼动了这架飞机。过了一会儿，一个排球大小的发光球体飘出驾驶舱，沿着过道飘到飞机后部，消失在那里。

要不是其中一名乘客是英国物理学家和作家[1]，这可能会沦为小报素材。他在著名杂志《自然》(*Nature*)上对这一事件的详细描述，为此前存在于神话王国的一种现象提供了新的可信度。球状闪电被证明是所有奇异的大气电现象中的科学争议之一，即便有数百名目击者留下过记录。几乎所有这类报告都讲到发光的球体飘浮在地面上，以步行的速度飘移，直到消失，或者在某些案例中以爆炸结束。

英国的神秘主义者阿莱斯特·克劳利(Aleister Crowley)就是这样一位目击者。此人与球状闪电有过一次近距离接触，那是1916年的夏天，他正待在新罕布什尔州帕斯夸尼湖的一间农舍里。虽然他本人不是物理学家，但他对这次遭遇的清晰描述对任何科学家来说都是值得称道的。当时他在屋外被突然下起的倾盆大雨淋湿了，于是冲进屋里换上干衣服，外头的暴风雨依然在肆虐。

> 为了穿上长筒袜，我坐在靠近烟囱砖墙的椅子上。弯

1. 罗杰·克利夫顿·杰尼森(Roger Clifton Jennison)，来自英国肯特大学电气实验室，他这篇名为《球状闪电》的文章刊登在1969年11月29日的《自然》上。

> 下腰时，我只能用平静的惊奇来描述此刻的发现：一个耀眼的电火球，直径看来在6～12英寸，停在我右膝下方大约6英寸的高度。正当我看着它的时候，它爆炸了，发出尖锐的一声响动，和闪电、雷声与冰雹那连绵不断的混响完全不一样……我感到右手中部有非常轻微的震动，这只手比我身体的任何其他部分都更加接近电火球。

8英寸的直径似乎是球状闪电的标准，但这是它们唯一表现出的规律。它们似乎不遵守通常的电物理学定律，它们就像幽灵一样，可以穿过导体（屏幕或金属门）和非导体（玻璃窗、砖墙），而不留下任何痕迹。除了1944年，球状闪电穿过瑞典乌普萨拉的一扇窗户，在玻璃上熔出了一个高尔夫球大小的完美圆洞。有时，这些球飘浮在地面上，在空气中蜿蜒而行，有时又似乎是沿着地表滚动。一名男性目击者称它们发出一种微弱的嘶嘶声，“就像一根燃烧的火柴”。它们呈现出一系列颜色——紫罗兰色、白色和淡蓝色，不过大多是红色、橙色或黄色。正是这种不一致性，使得球状闪电让科学家们如此抓狂，它们难以归类。带电等离子体如何能保持完美的球形如此之久？它们里头到底发生了什么？

· 哨声 ·

如果你拿着一台调频收音机，在不同电台之间调来调去，你会听到静电轻轻的爆裂声，有的很微弱，有的响一点。这是从遥远的风暴处传来的闪电的声音，以射频脉冲或无线电信号的形式到达。它们被称为天电干扰，最微弱的天电远在几千英里之外。但如果你有一个可以接收 VLF（very low frequency，非常低频率）无线电信号的调谐器，并且在不同电台（它们并不多）之间调谐，你很可能会听到奇怪的降调哨声，就像炸弹落下时的声音。这些天电是从较低的热层泄露出去的，它们沿着距地球表面 6000 英里的外逸层边缘的磁场线转了一圈，然后再返回来。在穿越外逸层的磁化等离子体的过程中，天电被分散、拉伸，并以一系列降调而非单一的静电声返回地球。有时，同一个哨声会在磁层之中来回弹跳，降调会越拉越长，变得越来越模糊，直至完全消失。

· 冰雹 ·

高空大气中的风暴现象，比如哨声和小妖精，是不可思议的。但它们与我们无关，地球表面的我们必须忍耐的是来自它们下方的雷暴。我们承受了大自然愤怒的冲击，而且似乎风、闪电和洪水还不够，还有其他危险。飞行员威廉·兰金亲身体验到的那些暴风云中的强大上升气流，也是生产冰雹的工厂。

在暴风云冰冷的高处，过冷水与冰晶结合形成冰丸。它们会随着下降气流移动，直到部分融化，然后上升气流把它们打回寒冷的区域，在那里再次冻结。然后，它们又一次下降，又遇到另一个上升气流，并被另一层冻雨覆盖。如此反复，直到它们长到一个不再能被上升气流托起的尺寸。在暴风云中循环上下，冰雹冻结又融化，于是交替形成了透明带一点奶白色的冰层。如果你把冰雹切成两半，会看到它有同心的生长环，就像树干一样。

在一场大风暴中，上升气流可以达到 100 英里 / 时的速度，随之而来那高尔夫球大小的冰雹也没少砸坏温室和汽车的挡风玻璃。超级单体风暴中的上升气流甚至可以更强，冰雹可以大到无比危险。2003 年 6 月 22 日，一个 2 磅重、7 英寸大小的冰雹落在了内布拉斯加州奥罗拉市。记录在案的最大冰雹于 1986 年落在孟加拉国，当时那场雹暴夺去了 92 人的生命。一个冰雹的重量略超过 2.5 磅，请你想象一下几千个像西瓜那么大的冰雹同时从天而降的情景。那种时候雨伞毫无用处，即使你躲在室内也不安全。它们的终端速度在 105 英里 / 时左右，很容易就能击穿大多数木头屋顶，就像 1000 名大联盟投手向你扔砖头一样。

即使樟脑丸大小的冰雹也不是一个好兆头。冰雹是真正猛烈的风暴的标志。在超级单体雷暴中，雹块在中尺度气旋前缘（龙卷风最有可能出现的地方）落得最密。积雨云内部还有很多事情在上演，冰雹是其中危害最小的。

·“这是个龙卷风，这是个龙卷风”·

漏斗云是末日、美丽和恶魔的超现实混合物。它那令人毛骨悚然的蛇形外表让一些人感到恐慌，也让另一些人为之着迷。龙卷风的轰鸣声比火车或喷气机的发动机还要响，直盖过雷声。在夜晚，它们就更加不祥了，有时其内部会像火柱一样连续不断地闪着光。

还有什么比这更具灾难性、更危险的呢？龙卷风令人生畏、神圣、反复无常、变幻莫测又怒气冲冲。

·龙卷风先生·

在离堪萨斯州很远的日本南部的福冈县，1920 年，未来的龙卷风专家藤田哲也（Tetsuya Fujita）出生了。藤田的能力令人印象深刻。他所就读的大学在他 1943 年刚一毕业时，就聘请他为物理学教授。

他也很幸运，在福冈县立学院担任助理教授才两年，也就是 1945 年 8 月 9 日那天，携带着世界上第一枚钚弹的美国轰炸机不得不将目标转移到了第二目标长崎，因为第一目标小仓当时的天气很糟糕，而小仓正好位于福冈县的中心。

有些人的机遇似乎是从灾难中产生的，藤田就属于其中之一。在长崎和广岛被炸几周后，日本防卫当局征募藤田来研究这两座城市所受的爆炸损伤。当时在日本，没有人知道是什么类型的武器造成了如此巨大的破坏，因此出现了各种冲突的理论，有人说是镁弹（可解释其亮度），也有人认为是多次爆炸的结果。藤田对这次灾难进行了大量的拍照记录，并对照片加以研究。从核闪在一个竹制花瓶上烧出的纹样，他证明了只有一次爆炸。他还分析了被炸平的树木和爆炸遗址周围的建筑物所形成的星芒形状，据此估算出爆炸的规模和威力，以及起爆时炮弹离地面有多高。（根据他的估算，原子弹威力惊人，几乎不可能是一次爆炸造成的，但事实恰恰如此。）藤田在广岛和长崎进行的研究是一种灾难的逆向工程，是他后来毕生的职业训练中的重要一环，即便这令人心碎。

战后，藤田在东京大学学习气象学。他对风暴很着迷，这也许是他侥幸逃脱末日后的一种结果或隐喻。他提出了关于猛烈风暴的结构和行为的激进理论，其推测超越了那个时代。在读到芝加哥大学的美国气象学家兼风暴研究者贺拉斯·拜尔斯（Horace Byers）博士的著作之后，藤田意识到那是个志同道合之人，于是把自己的研究论文发给了拜尔斯，两人开始了通信。

接下来藤田的好运又来了。本来在日本，龙卷风就像母鸡的牙齿一样罕见[1]，但 1948 年 9 月 28 日，九州发生了一次龙卷风，藤田几乎立即就能进入废墟区。这一切都是命中注定，他此前接受的所有工程学、物理学和气象学训练都融合在了一起。他知道大多数人造建筑物的荷载系数、应力点、质量和阻力，能一眼推断出摧毁建筑物的破坏力量的大小和规模，据此能重建龙卷风的旋涡。

1953 年，他刚被东京大学授予博士学位（论文是关于台风的），拜尔斯就邀请他到芝加哥大学做访问研究员。他最终留了下来，并于 1955 年进入气象学系任职。学校给出了一个很有吸引力的待遇，为藤田和他的妻子纯子购置了一套坚固的砖房，就在校园旁边。现在藤田可以撸起袖子从事中尺度气象学的工作了：研究中等大小的大气现象，像是风暴单体和气旋。但这一切只是他最终痴迷于龙卷风的前奏。他成了一个扶手椅风暴追逐者[2]，一个

1. 鸟的演化过程伴随着鸟喙取代牙齿，所以现存鸟类中没有任何一种同时拥有喙和牙齿。

2. 来自“扶手椅侦探”一词，意为足不出户就能掌握案情要素并破案的高手。

学术侦探，专门研究龙卷风以及这种无常可怕的旋风一切短暂却不可磨灭的痕迹。

他把龙卷风轨迹的航拍照片、残骸照片、地球上的撞击坑（固体撞在此处并反弹到空中）照片、被破坏的建筑物照片和树枝的照片统统倒在地上，凭大量笔记和数字注释手绘出详细的龙卷风路径。在分析了它们的路径后，他意识到，风暴之后的单个龙卷风几乎不会持续数小时，但沿着风暴路径将不断形成、消散，并再次形成龙卷风“家族”。

藤田的气象成就达成于棕枝主日（1965 年 4 月 11 日至 12 日）发生的大规模龙卷风期间。47 场龙卷风席卷了美国中西部，造成数百人死亡、数千人受伤。藤田花了数月时间研究空中和地面的照片，像往常一样一丝不苟地整理出龙卷风的破坏路径。但这回他看到了更深层次的东西，关于这些路径的更复杂的东西。旋涡之中还有旋涡。他意识到一个大型的单个龙卷风是由多个旋涡组成的，较小龙卷风被捆绑在较大龙卷风的内部。几年后，他利用此次及其他龙卷风的胶片来估算单个龙卷风的风速。通过这些数据以及纯子的帮助，他创造出了对气象学最著名的贡献——藤田量表，最终校准了龙卷风的强度。

初版藤田量表的等级从 F0 标到 F5，F0 是风速为 40 ～ 70 英里 / 时的龙卷风，F5 的风速为 261 ～ 319 英里 / 时。F0 可能会吹掉树上的几片叶子，把一两扇窗户摇得嘎吱作响，而 F5 只会留下树桩和空荡荡的地下室。有了这样的量表和一个完全精确的残骸评估系统，他为 1974 年 4 月 3 日至 4 日的“超级爆发”（Super Outbreak）做好了准备。那一次，148 场龙卷风严重毁坏了美国中西部的 13 个州，并袭击了加拿大安大略省西南部。

这次，除了龙卷风造成的复杂模式之外，他还发现了一些新东西——倒下来的树木的星芒图案，它们只可能是由时速 150 英里的下降气流造成的。藤田后来写道："如果有什么东西从天上掉下来并击中地面，它会散开……会产生爆发效应，和 1945—1974 年待在我脑海中的爆发效应是一样的。"他把这些叫作"下爆气流"和"微暴流"，并宣布 148 场龙卷风实际上是 144 场龙卷风加 4 次微暴流。（最近，"犁风"[1]已经被添加到龙卷风的"武器库"里了。）

飞行员威廉·兰金在 1959 年自由落体进入风暴时，直接体验到了产生这些下爆气流的云层机制。如果他不幸被卷进一股最终发展成下爆气流的下降气流中，是不太可能活着讲出他的故事的，他可能会以 100 多英里 / 时的速度摔到地上。

大多数气象学家对藤田的下爆气流理论持怀疑态度，但他坚持了下去。直到分析了一个航空领域的悬案，他的理论才引起全国性的关注。这个有争议的案例是一场著名的空难。1975 年，美国东方航空公司的 66 号航班在纽约肯尼迪机场坠毁。回顾灾难期间的天气状况记录，藤田意识到飞机在降落时被一次下爆气流击中了。然后，他翻阅了之前的数十份事故报告，并把它们与当时的天气状况结合起来。这些数据证实了他的理论——过去 30 年里，有 500 多起与空难有关的死亡是由微暴流引起的。虽然如此，又过了 14 年，藤田的数据才成为压倒性的结论，商业机场安装了多普勒雷达来探测下爆气流并重新安排航班，无数的生命由此得到拯救。1991 年，日本政府表彰了他的工作，授予他旭日重光章，这是日本的国家荣誉之一。

---

1. 又称直线风，是一种由雷暴产生的对流性强风，破坏力很大。

· 龙卷风的诞生 ·

龙卷风几乎可以袭击任何地方，从英国伦敦市中心到希腊大陆。有记载以来最早的龙卷风发生在1054年4月30日爱尔兰的罗斯达拉。1989年4月4日，孟加拉国两个相邻的城镇萨蒂亚和曼尼克加克萨达尔，遭遇了史上最致命的龙卷风袭击，造成1300人死亡、1.2万人受伤，另有8万人无家可归，并把2平方英里范围内的所有建筑物都夷为了平地。

与人们普遍认为的相反，龙卷风可以近距离袭击河流、湖泊甚至山脉。在美国黄石国家公园，一场龙卷风曾横扫了一座10000英尺高的山峰。

龙卷风走廊是龙卷风的世界之都，这是一条从德克萨斯州中部向北延伸至俄克拉荷马州、堪萨斯州和内布拉斯加州，然后向东延伸至伊利诺伊州中部和印第安纳州的通道，是每年袭击美国的800次龙卷风的主要着陆点。与中西部其他地区一样，当来自加拿大的寒冷干燥空气与来自墨西哥湾的温暖潮湿空气相撞时，龙卷风就会发生。这是许多夏季风暴发生的前提，但最基本的要素，也就是让旋风发生旋转的要素，开始于数小时前的晴空之下。

龙卷风的发起者是风切变，也就是处于不同高度、朝着不同方向移动的风。在一个晴朗、潮湿的日子里，这些互相竞争的风层是看不见的。远远早于第一个暴风云形成之前，风切变就制造出一个空气的圆柱体，有几百英尺高、几英里长，像一个看不见的蒸汽压路机一样沿着地面转动。这是一种温和的预告——即将来临的是一场幽灵般的龙卷风，就像在夏日的下午先拨弄你的头发片刻。

这个圆柱形、幽灵般的龙卷风沿着田野和高速公路前进，直到遇到强大的上升气流将旋转的管状气流的一部分抬升至露点以上的天空。当仍在旋转的管状气流上升到较冷的空气中时，积云开始在它周围形成。首先是一缕（碎积云），然后是鼓起来的淡积云，并迅速膨胀成中积云，然后变成更大的浓积云。不到 1 小时，这片云就变成了巨型的积雨云。与此同时，转动的圆柱体被拉进云层的核心，形成一个垂直的弯曲圆环。随着云继续上升，旋转回路的一边消失了，剩下的部分占据了主导地位。暴风云的整个中心部分开始沿着与主导回路剩余部分相同的方向旋转。半小时后，风暴变成了一个巨大的超级单体积雨云，其中心有一个中气旋。

如果你从地面上看着一个超级单体风暴逼近，它最引人注目的特征是“云墙”——一片两三英里宽的圆盘状云朵投射在风暴其余部分的下方。这是中气旋的可见部分，它位于风暴中心，绵延数千英尺。漏斗云一经形成，就会从这堵云墙的边缘降下。

龙卷风几乎总是从西南向东北移动，移动速度略高于城市道路的平均限速——35 英里 / 时。已经测得的龙卷风最高移动速度为 70 英里 / 时，最低为 5 英里 / 时。有人看到过它们呈 Z 字形、圆形或环形行进，还有一些龙卷风是停在原地的。在南达科他州，一场龙卷风曾经在一片田野上空停留了 45 分钟。你通常可以待在一辆车里避开它们。尽管最老练的风暴追逐者也会在开车时被龙卷风吸进去，然后付出生命的代价，但你应该可以理解为什么有人喜欢追逐风暴，或者不急着寻找庇护。当一架 F5 战机在不到 1 英里的距离内掠过时，有什么会比感到脚下的大地在轰隆作响更令人兴奋的呢？

1928年6月22日下午，堪萨斯州的一名农夫威尔·凯勒（Will Keller）看到一场龙卷风正向他家袭来。他急忙把家人推进防风地窖，但当龙卷风逼近时，他自己却停在楼梯顶部，门还敞开着。我可以想象，当家人央求他关门下楼时，他被迎面而来的壮观景象惊呆了。好奇心战胜了恐惧。

当我停下来看时，只见一直在地面上扫动的龙卷风下端开始抬升。我明白这意味着什么，所以我站在原地不动。我知道自己相对安全，而且我也知道，如果龙卷风再次下降，我可以立马下去，在它造成任何伤害之前把门关上。

龙卷风稳步来袭，底部逐渐升到地面之上。我可能在那里仅仅站了几秒钟，但因为对所发生的一切印象太深刻了，以至于觉得像是很长一段时间。直到最后，漏斗那巨大而乱蓬蓬的末端直接悬在了头顶上。一切都像死一样寂静。有一股浓烈的煤气味，我似乎无法呼吸。一声尖锐的嘶嘶声直接从漏斗末端传来，在这种情况下我能做出的最准确的判断是，末端直径约为50英尺或100英尺，垂直向上延伸了至少半英里。这个洞口的墙壁是由旋转的云构成的，接连不断、呈Z字形扭来扭去的闪电使得整个洞口显得非常明亮。要不是有闪电，我就看不见洞口了，更看不到哪怕进去一点点的里面。

在旋涡的下边缘，小型龙卷风不断地形成和散开。当它们绕着漏斗的末端扭动时，看起来像是一条条尾巴。正是这些东西发出了嘶嘶声。我注意到大旋风的旋转方向是逆时针的，但小旋风是双向旋转的——有的顺时针，有的逆时针。

洞口完全是空的，除了一些看不清的东西，但我猜想那是一片分散的云。

没有哪个气象学家，包括伟大的藤田，能够要求比凯勒更好的位置或对此有更好的描述。这些被凯勒称为小型龙卷风（事实上，它们的确是）的内部旋涡，直到 1965 年藤田第一次推测出它们之前，人们甚至想都没有想到过，但凯勒 37 年前就对此做过极其清晰的描述了。虽然他说的强烈煤气味从未得到过解释，但在那之后，呈蛇形上升到龙卷风中心的管状云已经被目击了。没有其他风暴在风速上能超过龙卷风。在一次大龙卷风过后留下的废墟中，往往包含着其威力非凡的证据和奇异选择性。小麦秸秆被插进树干里，深达几英寸。一个鸡蛋被发现有个整齐的孔，里面是一颗豆子，它看起来就像被钻过一样。联合太平洋铁路上的一台柴油发动机被抬离了轨道，在半空中旋转后，被放回到一对相反方向的平行轨道上。一张睡着一个孩子的床垫被从堪萨斯州农舍的窗户里吸出来，掉在附近的田地里，孩子甚至都没被吵醒。点燃的煤油灯被带到了几百米远的地方，然后直直地放下去，而火焰还在燃烧。

第六章

卡特里娜：飓风的生命故事

你们都阻止不了大自然母亲。

如果她想要来找你，她就会来找你。

——新奥尔良的卡特里娜飓风幸存者

我天生是一个风暴追逐者。我在五大湖半岛南端的夏季风暴区长大，每年夏天，我都会目睹向北吹来的海湾热气团越过密西西比河河谷，在我的家乡引发可怕的雷暴。我祈祷会有龙卷风，于是站在下雨前的大风中，在发黑的云层中寻找一个漏斗状的东西。成年之后，我会驱车驶向远方高耸的雷雨云，希望能见着龙卷风，哪怕是最短暂的一瞥。但我的愿望从未实现，至少就龙卷风这部分而言。

2005 年 8 月 21 日周日下午的晚些时候，我抵达大巴哈马岛。打开行李后，我沿着海滩来了个日落时分的散步。即使是在傍晚时分，空气也很热，大海平静得可以看到水面上有一块暗斑。会是珊瑚礁吗？第二天早饭后，我戴上头罩，下到海水里，并穿上了脚蹼。

海水出奇温暖，而且不限于浅水区。仅仅是脸朝下蛙泳的轻微用力就让我在水下出汗了，这绝对是一种怪异的感觉。(排汗的目的是使身体冷却，这在水下是无法实现的，而只能把更多的盐分注入海洋。）我没有想到的是，即使在 8 月份的大巴哈马岛，如此温暖的海水也是不寻常的，而且这与我抵达弗里波特之前很久发生的气象事件有关。

三周前，大约就在我还在考虑旅行时要带些什么的时候，北非地区的天气发生了一连串变化，它最终会将我的假期搅得天翻地覆。一切都与盛行风有关，这次是北方信风，完全是科里奥利效应导致的。

· 科里奥利效应 ·

在北半球，空中沿着任何方向直线运动的所有物体都有向右偏转的倾向，而在南半球则相反。这种倾向叫作科里奥利效应，是以 1835 年发现它的法国工程学教授加斯帕德－古斯塔夫 · 德 · 科里奥利（Gaspard–Gustave de Coriolis）命名的。这是地球自转的结果，其影响是如此普遍，甚至连远程大炮都必须经过特殊校准才行，否则打不中目标。

那么，为什么南北半球会有这种差异呢？在两个半球上，太阳都从东方升起，从西方落下，但这只是表面上的相似，因为两个半球的旋转方向相反。这是怎么回事呢？一颗行星的两半怎么会向相反的方向旋转呢？这是旋转球体的深刻悖论之一，但它可以通过一个简单的思维实验来解决。

假设你在一艘宇宙飞船上从南极上空接近地球，你会降落在一个顺时针旋转的行星上。但如果你乘坐同样的宇宙飞船从北极接近地球，你就会降落在一个逆时针旋转的行星上。就是这样。

北半球的高气压系统是顺时针旋转的，其流出的风受科里奥利效应影响而向右偏转。而北半球的低气压系统引起了风的流入，所以是逆时针旋转的。为了把这一切搞得更难懂，气象学家称高气压系统（顺时针旋转）为反气旋，低气压系统（逆时针旋转）为气旋。还好至少在澳大利亚，高气压和低气压系统不那么令人困惑，因为它们的反气旋是逆时针旋转的。

科里奥利效应随纬度递减而减小。越接近赤道，它偏离的就越小。在赤道上下 3 度的范围内，它的影响几乎为零。但它肯定会对赤道以北 15 度以上的亚热带气候产生影响，从而带来袭击加勒比和北美地区的飓风。

事情是这样发生的。赤道上空的空气受热上升，并被推向北方的高层大气，在那里变冷并下沉，然后向南进入低层大气，形成一种环绕地球的管状旋涡——哈德里环流圈。在科里奥利效应的作用下，哈德里环流圈产生的南下的风向右偏转，从而变成了从东北吹向西南的风。这就是东北信风。

在北回归线以北，东北信风主导着一个环绕全球的海洋和陆地带，改变着一路向西所经地区的天气——高气压、低气压、热带低气压，它们甚至把撒哈拉沙漠的红色尘土一路吹到了佛罗里达。2005 年 8 月的第一周，当我计划前往大巴哈马岛时，东北信风推动了一个异常猛烈的风暴系统从乍得穿过尼日利亚，然后穿过马里南部和几内亚。在以暴雨形式袭击了几内亚之后，该风暴系统于 8 月

8 日吹到了佛得角以南的大西洋。

如果说北非是初生飓风的幼儿园，那么佛得角群岛就是它们毕业的学校。在夏末的几个月里，这些岛屿监视着数十个热带波（低强度风暴的一个术语）的发展，最终它们往往会转化为热带低气压。在适当的条件下，热带低气压会变成飓风。就在佛得角群岛的南部，离开了几内亚的非洲风暴系统正在合并成一股热带波，一大片低压区域里点缀着几个活跃的雷暴，显现为一个复杂而广泛的云层，这片区域大到足以引起一些高科技仪器的注意。

美国国家飓风中心有几颗卫星来监视飓风集结地。水叮当（Aqua）发射于 2002 年，以微波扫描辐射来测量海洋表面温度。TRMM（tropical rainfall measuring mission，热带降雨测量任务）由日美联合发射，1997 年就上天了，它带有闪电成像传感器和降水雷达，能够在风暴中给科学家生成一个雨的三维视图。在卫星照片中，热带扰动看起来无组织且碎片化，像是云随机聚集而成的。但其中有一些比其他的更旋转一些，从它们身上你可以模糊地看到初生飓风的雏形，就像 B 超里的胚胎一样。到了 8 月 11 日，卫星数据清楚地显示热带波有对流活动的迹象。两天后，即 8 月 13 日，热带波正式升级为热带低气压，并被命名为 10 号。它开始旋转，风暴内部的风速达到 25 ～ 38 英里 / 时，开始沿着热带大西洋上的一条狭长地带向西飘移，从东非海岸一直延伸到加勒比海，全长约 2408 英里。

· 飓风走廊 ·

夏季期间，热带大西洋像盐水汤一样变热，信风推动着发展中的飓风向西前行。它们长得更大了，从热带波演变成热带低气压，然后演变成热带风暴。飓风走廊（Hurricane Alley）就像穿过一家工业化面包房烤箱的传送带，这些空气面包只有穿过飓风走廊这条装配线，才能在来自炎热海洋的湿热上升气流中膨胀起来。水温至少要达到 26.5℃，深度至少要达到 150 英尺，才能恰当地引发风暴。在一个炎热的夏天，飓风走廊可以把从非洲海岸走出的风暴雏形塑造成威胁北美和加勒比海岸的飓风怪物。

10 号热带低气压被命名的时候还在巴巴多斯以东 1600 英里处，但美国国家飓风中心的预报员怀疑它不会变得更大，因为它已经形成了中等水平的风切变，可能会限制风暴形成中心核的能力。飓风本质上是垂直堆积的暖核系统。受风切变的影响，10 号又缓慢地向西移动了几天，直到 8 月 14 日，也就是我抵达大巴哈马岛的前一周，它已经衰退了，美国国家飓风中心将它重新归类为热带低压，它的名字编码被取消。到 8 月 18 日，它几乎完全消失了。

这场几乎不值得追踪的微弱扰动——10 号热带低气压的残余，最终将演变成卡特里娜飓风，它那令人出乎意料的能力即将凸显。现在它还是一个紊乱的热带低气压，随着东北信风继续向西飘移。在我抵达弗里波特的第二天，它就进入了波多黎各以北的海洋。在那里，它与当地的一个热带低气压联合，组成了一个令人惊恐的联盟，引起了美国国家飓风中心的注意。中心的快速散射计卫星（QuikSCAT）利用能够穿透云层的“海风”散射计（一种微波雷达）

测量近地表风速，捕捉到了飓风发展的一个关键阶段——中层环流朝着水面降低。被风吹拂的海浪将温暖的湿气直接注入这场饥饿的风暴。8 月 23 日，这个新的杂交风暴被赋予了一个新的编号——12 号热带低气压，并在当天下午晚些时候潜入巴哈马群岛。

12 号热带低气压来袭之前，我在大巴哈马岛度过了两天阳光明媚的美好时光。那个星期二下午，天空乌云密布，晚上就开始下雨了。美国国家飓风中心在下午发布了热带风暴预警，12 号热带低气压有很大的可能性会增强。风越来越大，本地气象频道明确警告，热带风暴或会发生。然而习惯了多伦多当地天气频道喜怒无常的我报以怀疑，认为第二天还能去潜水。

当热带低气压的稳定风速达到 39 英里 / 时，美国国家飓风中心给它起了个名字，并将其升级为热带风暴。8 月 24 日星期三上午，12 号热带低气压摇身一变成了卡特里娜。我想，嗯，至少热带风暴不是飓风，而且虽然弗里波特微风习习，但风还不是那么大。于是我开车到岛的西端，去我最喜欢的近海礁石天堂湾潜水。途中偶有阵雨，但空气很温暖，更重要的是，当我到达时，海浪还没有大到让潜水专家无法接近外礁的程度。我停好车，办好手续，戴上脚蹼和头罩游了出去，乌云在前方若隐若现。

到达外礁时，我是此处唯一的一个浮潜者，偶尔还能听到雷声。暴风雨肯定越来越近了。看到闪电在水下闪烁，从水面反射出来，似乎完全值得我冒这个险，它给鱼和珊瑚的色彩增添了一种戏剧性的、忧郁的气氛。我绕着礁石游完一圈后，风开始刮了起来，我能听到它在我的呼吸管里吹口哨。当我绕过暗礁的南端时，注意到一艘摩托艇正朝我驶来，驾驶员是天堂湾的一名工作人员。“需要捎你一程吗？”他在风中喊道。我一边踩水，一边摘下头罩说：“不用了，谢谢，我很好。”事实上，回到岸边颇有点艰难，波浪渐渐出现了一些起伏。

往回走的路上，我不得不越过一些相当深的大水坑——大巴哈马岛上没有雨水沟。除此之外，似乎没有太多暴风雨的迹象。当天晚上晚些时候，当地电视台的预报给的雷达影像清晰地显示，正在大巴哈马岛南部的热带风暴卡特里娜已经分裂成三个不同的碎片。因此，气象预警被取消了，我在一个完全平静的夜晚待到临近午夜才上床睡觉。

不过，美国国家飓风中心的人都没有睡觉。8 月 24 日凌晨，在我头顶的高处，他们的 TRMM[1] 卫星疾驰穿过热层上层，向飓风中心的指挥中心发回了一些令人担忧的数据。雷达正在大巴哈马岛南部探测眼壁云[2]的形成。这是在从热带风暴转变为飓风的过程中，最猛烈的雨带（一连串不停的雷暴）聚集的地方。凌晨三点左右，卡特里娜飓风睁开了眼睛。

飓风眼是如何形成的尚不完全清楚，但基本机制人们已经都知道了。飓风是一个由强大上升气流维持的巨型吸热机。当雨带开始围绕飓风中心旋转时，在中心点外形成了一个强烈的垂直对流圈。这股巨大的上升暖空气气流到达飓风顶部，直接在飓风低压中心的正上方形成一层高压。大部分上升的空气呈顺时针螺旋向外流过飓风，这加强了垂直上升气流，从而加强了风暴的力量，形成了一个

1. Tropical rainfall measuring mission，热带降雨测量任务。
2. 包围着热带气旋（或台风）眼区的高耸云墙，眼区是气旋中的低压区，它和外层气压差越大，飓风越强。

强大的反馈回路。但在飓风中心上方，在高压透镜小小的受限的中央核心，空气被迫向内流动。由于无处可去，它开始下降，在飓风中心形成一个无雨无云的洞。这就是飓风眼了，这里的气压是最低的。

一般来说，眼越小，风暴就越强。2005 年 10 月紧随卡特里娜飓风而来的威尔玛飓风（Wilma），风眼的直径只有 2.3 英里。这是一场破坏力极强的 5 级风暴。威尔玛还创造了另一项纪录——低压突破到了噩兆般的 26.05 英寸（家庭气压计最低只能下降到 27.5 英寸）。与它形成两个极端的是，1960 年袭击韩国的台风卡门（Carmen），拥有 230 英里宽的巨型风眼，风速极低，勉强称得上是台风。我认为你可以原谅那些和卡门走在同一条路径上的人，因为他们都认为暴风雨已经结束了，台风眼花了好几个小时才越过他们。

台风是在国际日期变更线以西的太平洋上形成的飓风，在印度洋上形成的飓风叫作旋风。飓风约翰是飓风中的玛士撒拉虫[1]，在 1994 年 8 月和 9 月持续了 31 天，期间两次越过国际日期变更线，先是变成台风约翰，然后又变回飓风约翰。如果飓风从大西洋盆地跳到太平洋盆地，像飓风厄尔（Earl）在 2004 年 8 月那样，那么它的名字就必须改掉，厄尔就变成了弗兰克（Frank）。

星期四早上四点左右，我被一阵连续的砰砰声吵醒。一定是有人回来晚了，但他们这是在做什么？我从床上爬起来，掀起百叶窗往停车场看。一片嘈杂，风横雨狂。砰砰的声音是风正把一个金属雨水槽从建筑物上吹走，拍打着瓷砖屋顶而发出来的。

---

1. 一种微生物，是现存的已知寿命最长的生物，据说已经生存了2.6亿年。

"飓风"一词源于加勒比的阿拉瓦克人，得名自他们的风暴之神 Hurićan，后来西班牙殖民者将其改成了 huraćan。西印度群岛、巴哈马群岛和佛罗里达的飓风高峰季节从 8 月中旬一直持续到 10 月下旬。在欧洲人到达之前的几千年里，阿拉瓦克人居住在加勒比地区，每年排队等待着这些风暴的降临。

并非所有的飓风都一样。没有一个是不重要的，只不过有一些更加让人敬畏。事实证明，我选择了一个极好的年份去参观大巴哈马岛。2005 年一共发生了史无前例的 15 次飓风，打破了此前的所有纪录，其中 4 个达到了最高的 5 级。

· 校准灾难 ·

萨菲尔-辛普森量表是用来测量飓风强度的。来自佛罗里达州科勒尔盖布尔斯的工程师赫伯特 · 萨弗尔（Herbert Saffir）和时任美国国家飓风中心主任的罗伯特 · 辛普森（Robert Simpson）在 1971 年开发了这套系统。萨弗尔早年受联合国委托研究飓风对低成本住房的影响时，就初步设计了这套估算标准。和之前的藤田一样，萨弗尔根据风力强度计算了结构破坏的各种阈值。在做了一些微调之后，他把这个 5 个等级的量表给了辛普森，后者又加入了风暴潮和洪水的影响。

萨菲尔-辛普森量表于 1973 年由美国国家飓风中心正式发布。由于很难准确计算，有时甚至无法测量风暴潮和洪水等变量，尤其在经历了卡特里娜飓风之后，这些影响因素在 2009 年被从等级测定中移除。新的量表仅以风速为基础，于2010年5月15日开始实行。

对热带风暴来说，要升级为飓风，其风速必须达到74～95英里/时。在这个强度下，萨菲尔－辛普森量表中的1级飓风造成的破坏最小。5级飓风的风速超过155英里/时，造成的破坏是灾难性的，通常被认为是最极端的强度了。然而在1992年8月14日，飓风安德鲁（Andrew）超过了5级的风速，以175英里/时的速度袭击了佛罗里达州南部海岸。这是少数几个超级飓风之一，非正式地被定为6级。它造成了65人死亡，超过6.3万座房屋被夷为平地。

往外望去，被雨水横扫的停车场在钠灯的照耀下闪烁着，我就像他们说的那样，跟被打过气似的情绪高涨，但也有点儿担心。我待的房子很坚固，但是风会刮到多大？我走到房子前面，站在阳台上俯瞰海滩。在黑暗中，我能看到的只是安全泛光灯里闪动的雨水。幸运的是，风向正好与建筑物和海滩平行，这暂时消除了风暴潮的危险。这算好事，因为风暴潮是飓风最致命的部分，导致了与飓风相关的死亡中的90%。

飓风将海水吹到岸上，如果飓风登陆恰好与涨潮同时发生，那么效果与海啸相当。我看过风暴潮冲击一个已经被水淹没的停车场的镜头，它把汽车和卡车推到前端，就像推一大堆饮料瓶一样。1级飓风的风暴潮会比正常潮位高出4～5英尺，而5级飓风的风暴潮可高出18英尺。

最高的风暴潮纪录是在澳大利亚昆士兰州的巴瑟斯特湾。1899年3月5日，一股名为玛希娜（Mahina）的季末热带旋风将42英尺高的风暴潮驱赶到了岸上。如果那周你在巴瑟斯特湾度假，住的是海景酒店房间，最好在五层或以上的楼层，因为下面四层会被完全淹没。作为比较，泰国节礼日的海啸[1]只不过淹没了海边度假胜地的两层。

停电几乎是不可避免的，所以趁着还有水，我将容器灌满，却完全忘了给浴缸和水槽装上水，可能是因为又紧张、又劳累。我回到床上，但几乎没睡着过，风的声音似乎越来越大了。

天刚亮，我就检查了电灯开关，没电了，然后我去了前面的阳台（谢天谢地我在二楼）看暴风雨。把我和邻居的阳台分开来的隔断墙提供了一个天然的防风障，风是从东向西吹的——对我来说是从左到右，我看到它已经把海滨花园旁一道崭新的尖桩篱笆刮倒了，椰子树上被扯下来的重达 30 磅的椰树叶像失控的滑板在沿着海滩滑行。从海滨花园再过去，海里的浪很高，但方向与海岸平行。现在还没有风暴潮。

没有别的办法，我必须出去直接体验暴风雨。我穿着短裤和 T 恤，紧紧抓住从我这单元往下的楼梯扶手，走到外面的风里。这就像在高速公路上把你的脑袋伸出车窗外，不同的是，在这种情况下，整个身体都被吹得飞了起来。我费了好大劲儿才下了楼梯，因为我不得不斜靠在风里。走到海滩上，我也用了同样的左倾姿势。在那里，我在岸上目睹了这场精彩的表演。与海岸平行的巨浪翻滚起泡沫，被大风给削走了。

风刮到脸上，我能感觉到皮肤泛起涟漪。雨敲起来够疼的，一开始我以为只是因为速度快，就好像被水炮击中了一样，后来才意

---

1. 节礼日是在英联邦部分地区庆祝的节日，为圣诞节次日或是圣诞节后的第一个星期日，这里指的应该是发生于2004年12月26日的印度洋大海啸。

识到里面全是沙粒。它恶狠狠地蜇人，所以我做了件别人也会做的事——以一个非常陡峭的角度倚靠在风上，如果风停了，我的脸会首先栽进潮湿的沙滩上。我从未经历过这样持续不断的强风，这里面有一种工业气息，一点也不像夏季风暴的多变，而更像是站在风洞[1]里。

约瑟夫·康拉德（Joseph Conrad）在他的书《台风》（*Typhoon*）中描述了飓风："这是一阵大风的崩解力：它把人与同类隔离开来。一场地震，一次塌方，一场雪崩，出于偶然袭击了一个人，可以说是没有激情的。而暴怒的狂风会像袭击仇人一样袭击他，试图抓住他的四肢，系住他的思想，把他的灵魂从他身上击溃赶走。"

描写得足够好了。我冲回屋里，用毛巾擦干身上的水。

在我那天早上体验的时候，卡特里娜飓风仍然是 1 级飓风，你可以想象一下 5 级飓风会是什么感觉，我敢肯定我不可能站在海滩上。实际上，我那个把自己脑袋伸出车窗的比喻可以延伸一下，但在 5 级飓风的情况下，应该把高速公路换成一级方程式赛车跑道。想象一栋房子以 155 英里 / 时的速度在印第安纳波利斯 500 英里大奖赛的赛道上倾斜，这房子的沥青瓦撑不过第一个弯，飓风甚至可以刮掉屋顶上沉重的黏土瓦片。事实上，如果你在飓风期间把一辆大奖赛的赛车停在海滩上，喷沙会把汽车的高光瓷漆磨得露出金属层。飓风能从屋顶上把波纹铁皮屋面剥掉，然后掀掉整个屋顶。它还会吹走门窗，把简单的木结构房屋整个铲平。

1. 即风洞实验室，是以人工的方式产生并且控制气流，用来模拟飞行器等实体周围气体流动情况的实验设备。

后来我才知道，我当时的位置在卡特里娜飓风风眼以北 40 英里处，当时飓风正在前往佛罗里达州。说起来，“前往佛罗里达州”有点不准确，因为飓风已经在那里了。大多数飓风的云障（cloud shields）直径至少有 300 英里，但国家飓风中心跟踪的只是飓风眼而已。

卡特里娜飓风在当天晚上六点半袭击了迈阿密南部，之后转向南边，越过大沼泽地。第二天，也就是星期五，向西进入墨西哥湾。

8 月 26 日，星期五清晨，我所在的大楼恢复了供电。太阳出来了，风已逐渐减弱为间歇性微风，我开车去弗里波特买了些杂货。当地出现了洪水，我不得不开车穿过池塘大小的水坑。但除了到处可见的树枝和椰树叶，弗里波特看上去完好无损。我第一次从一种纯粹实用的角度欣赏起政府盖的那些毫无感情的新古典主义大楼，它们有着石灰石的柱子和厚厚的石灰石砌块墙。事实上，我住的那栋楼就有厚厚的混凝土墙和重重的屋顶瓦片，原来在我看来似乎是建造过度，现在就完全可以理解了。在这里，那些没有被栓住或系住的东西都会被风吹走。

卡特里娜是一场发生在夜间的飓风，在温暖海域的黑暗中得到加强，而那个夏天的墨西哥湾非常温暖。星期六早上五点左右，卡特里娜再次加大马力，当天中午之前就已经是 3 级飓风了，看起来将直接向新奥尔良移动。事态变得非常严重。路易斯安那州州长前一天发布了飓风预警，现在新奥尔良市市长又发出了自愿撤离的建议。

当天下午早些时候，洛克希德 · 马丁（Lockheed Martin）公司一架满载气象仪器的 WC−130J 飞机从密西西比州比洛克西的基斯勒空军基地起飞，由著名的“飓风猎人”（Hurricane Hunters）驾驶，他们是美军第 53 气象侦察中队的一支空军后备精英部队。遵照通常的飓风飞行计划，他们两次进入卡特里娜飓风风眼，一次是在 10000 英尺的高空，另一次则令人难以置信地经过离地面仅仅 500 英尺的高度，就在椰树叶和屋顶瓦片的上方。

情况比任何人想到的还要糟糕，卡特里娜已经变成了一个怪物。飓风猎人报告说，卡特里娜的环流覆盖了整个墨西哥湾。尽管一天半后袭击新奥尔良时是 3 级飓风，但引发的风暴潮异常巨大，高达 25 ～ 28 英尺。这是新奥尔良的防洪堤没机会产生作用的原因。

8 月 28 日，星期天，当卡特里娜飓风逼近新奥尔良时，我飞回了多伦多。卡特里娜飓风通过迈阿密的唯一证据是跑道上的一些水坑，至少在机场是。星期一的早间新闻里已经充斥着新奥尔良的混乱场面，这场风暴是一场全国性的灾难。

奇怪的是，卡特里娜飓风离开新奥尔良后，还留了一记重拳，在向北的途中完全摧毁了凯斯勒空军基地。这几乎像是一种报复。在那之后基地已经重建，飓风猎人得以再一次飞离比洛克西。

回想起来，对我来说，卡特里娜飓风和我好像在轮流跟踪对方。首先，它在我睡着时偷偷靠近我，然后抛弃我去了佛罗里达。几天后我跟着它，但它已经在海湾里翻腾了。第二周的星期三，它大老远来到了多伦多。

在此期间，我一直在天气频道关注着卡特里娜飓风的进展。星期二，它向东北方向一路横扫，经过密西西比州，然后是田纳西州，在那里它被降级为热带低气压。尽管如此，它仍然有很大的动力。那天晚上，它的云障边缘掠过多伦多。第二天，风暴中心吸收了锋面的边界，它发展为温带风暴，在俄亥俄州上空盘旋，穿过安大略湖，进入多伦多。

8 月 31 日，星期三下午，我走进我家后院，再次站在卡特里娜飓风带来的温暖暴雨中。距离我在大巴哈马岛海滩上感受到它那狂风暴雨带来的刺痛，已经有六天了。它的狂怒已经平息为阵风，但它还是带来了很多雨。我将自己淋了个透，空气中有淡淡的海的味道，这是我想象出来的，还是真有其事?

第七章

风之宫

谁曾见过那风？
你未见过，我也未见过。
但当树木低头时，
风正从身边走过。

——克里斯蒂娜·罗塞蒂

除了树林里的风声，别听任何人的忠告。

——克劳德·德彪西

风难以捉摸，反复无常，感性且危险。不知何处吹来的一阵和风，可以像根羽毛似的轻拂你的脸颊；或突然一阵猛刮，用强风把你的伞吹翻。风能把气味带到我们的鼻孔里，但它本身是无嗅、无味和无色的。尽管透明，但它确实具备一定的体积以及声音。夜晚，风在松树间叹息，而且正如罗塞蒂所见，风是有形状的——我们在汹涌的麦浪中见着了它的肌肉，在飘渺的烟雾里见着了它的精细。

每个人都包裹着一股亲密的风——通过鼻子吸入的又窄又急的气流，它呼啸着穿过我们的喉咙，进入我们的肺部，然后再出来。这是生命的气息。正如前6世纪阿那克西美尼[1]写的那样，古人相信世界是会呼吸的，而大气就是它的灵魂。风被古希腊人称为元气(pneuma)，是天空的呼吸。

在我们的习语中，风和呼吸之间的联系无处不在。随意的闲聊被称为“对微风开枪”(shooting the breeze)，但如果你没头脑、爱唠叨，你就是一个“风袋子”(windbag)。答案可能在风中飘，前提是你知道风怎么吹。无论你做什么，都不要把谨慎抛到风里，否则你就会“倒抽一口风”(sucking wind)，或者更糟的，你会发现自己跟“在风中撒尿”(pissing into the wind) 一样，做毫无意义之事。然后，当你的“帆没有了风”(the wind is taken out of your sails)，失去了斗志，你试着去借酒消愁，将如同“风中凌乱的三条帆绳”(three sheets to the wind) 那样酩酊大醉。也许以后你会“抓住一点秘密风声”(get wind of something)，也许是“风吹下来的意外之财”(windfall)，但当你像风一样跑得太快，你可能会“什么也留不住”(end up trying to catch your wind)。

可是，到底什么是风呢？15世纪时，莱昂·巴蒂斯塔·阿尔贝蒂 (Leon Battista Alberti) 开始就这一问题对当时已知的说法做了总结。阿尔贝蒂是文艺复兴时期的代表人物，他不仅是一位作家、诗人、语言学家、哲学家、艺术家、运动员（他能跃过站着的人，还能驾驭野马)，还是一位著名的建筑师，以及差不多是一位博物学

1. 约前570—前526年，古希腊哲学家，米利都学派的第三位也是最后一位哲学家。

家。在他的建筑学专著《论建筑》（*De Re Aedificatoria*）中，一开始的免责声明列出了当时所有关于风的起源和性质的理论。

至于这些猜想是对还是不对，风是由大地的干烟熏作用引起的，还是由寒冷的压力导致的热蒸发引起的；或者，正如我们对它的称呼一样，它是“空气的呼吸”；或者，就是空气本身被世界的运动或恒星的轨迹与辐射所搅动；又或者，是被一切事物在其自然活动中产生的精神，或者别的什么并非独立存在，而是在空气本身中自行构成并和更高层空气中的热产生反应且被其点燃的东西所搅动；亦或者，任何其他或更真实或更古老的解释这些事物的观点和方法，我都会否认掉，因为它们不符合我的设想。

一个世纪后，1563 年，英国气象学家威廉·福尔克（William Fulke）宣称，风是“一种又热又干的呼出气体，被太阳的力量吸到空气中，由于重量被压低，所以横向或斜着绕地球传播”。我不确定这是什么意思，但我喜欢它。他出版的著作的标题还要更好：一个有着最怡人景致的美好画廊，进入自然沉思的花园，洞穿各种大气现象的自然成因。

早在1500多年前，曾启发过阿尔贝蒂的维特鲁威[1]（后面还会提到他）写道，风是“一股流动的空气波，无休止地来来回回。它产生于热量与水分相遇之时，热流的猛冲会制造一股强大的气流”。我喜欢他那难以捉摸的定义，“无休止地来来回回”，它很好地捕捉到了风那反复无常的本质。

对风最准确的解释也是最简单的：它是空气往其他地方的流

---

1. 前1世纪，罗马御用工程师、建筑师。

动。这是大气压力差带来的结果，空气总会沿着阻力最小的路径从高压流向低压。风是正在执行使命的空气，致力于改变这种不平衡。

·阿涅弥伊：古希腊的风神们·

在希腊神话里，埃俄罗斯是风的统治者，他把四种主要风向的神（阿涅弥伊）以及阿埃莱和奥瑞艾（微风女神）都安置在他那座名为伊奥利亚的漂浮青铜岛中空的内部。在某些记载中，埃俄罗斯是一个监狱长，把风们关在他的岛上监狱里。其他的描述则将该岛描述为养风场，每当埃俄罗斯把风们释放出来的时候，它们就像喷涌而出的马队，轰隆隆地穿过岛的最高处，飞上天空，然后俯冲下来，冲刷着海浪和陆地。

爱马的斯巴达人给风、马和山之间的联系附加了一些含义。他们曾经献祭过一匹马给普诺菲提斯·伊利亚斯山上的阿涅弥伊，这座山是希腊南部泰格图斯山脉的最高峰。说马跑得“像风一样快”，在当时已经是一个常用语了。

北风是最快的风之一。在埃俄罗斯驾驭的所有风的神中，北风与冬天之神玻瑞阿斯是希腊人最喜爱的一个。他被描绘成一个强壮的老人，一头飘飘白发，脾气暴躁。玻瑞阿斯也与秋天有关，有时被称为“吞噬者”。如果他愿意，他可以变成一匹马。普林尼提到，如果母马的臀部和后腿迎着北风站立，就算没有种马，也能产下小马驹。

由于玻瑞阿斯绑架了一位雅典公主并和她生下了孩子，雅典人把他当成了亲戚，当波斯军队威胁雅典时，他们还曾向玻瑞阿斯祈祷。他是一个狡诈、好色的神。宙斯绑架欧罗巴[1]时，玻瑞阿斯吹拂她束腰的上衣，把它扬起来，这样他就能激动地看到她可爱的胸部了。然而他这一瞥却激起了满心的嫉妒，因为宙斯也得到了这样的奖赏。

泽费罗斯是西风之神，能带来春天和初夏。和他的兄弟玻瑞阿斯一样，他也被认为是年老和冬天的象征。他曾经像玻瑞阿斯一样脾气暴躁，但对春和花之女神弗洛拉的爱使他的性格变得成熟了。在饰带和马赛克装饰中，他被描绘成在空中滑翔的样子，披风上撒满了花朵。

雪莱在他的《西风颂》中写到的那位泽费罗斯可能是更年轻、更咄咄逼人的泽费罗斯。

> 噢，狂野的西风，你这秋天的生命气息，
> 你啊，枯死的落叶从那不可见之地被赶走，
> 便如幽灵从巫师手中逃匿，
> 黄的，黑的，苍白的，火红的，
> 犹如被瘟疫折磨的一群人。

在希腊的四大风神中，只有带来降雨和夏末风暴的南风之神诺特斯是年轻的。他统辖着春天，他的统治是多血质的，因为在春天

---

1. 希腊神话中的腓尼基公主，宙斯看中了她，把她带到了另一个大陆，大陆后取名为欧罗巴，即现在的欧洲。

血流得很快。任何有关诺特斯的描述都把他描绘成一个年轻人，拿着一个倒过来的水罐，把雨水洒在地上。当升上天空时（就像其他风神一样，他也经常如此），他会裹在云里飞行，就像斯皮尔伯格电影中的 UFO 一样。他的领地是热带和北非，在那里，数百年后，古罗马最伟大的城市大莱普提斯[1]就是在诺特斯统治下从沙漠中崛起的。

东风神欧洛斯没有被指派季节，尽管有时人们把他和夏天联系在一起，认为他会带来雨水。他也被描绘成一个老人，皮肤黝黑，面目凶狠，还经常带来坏天气。在许多描述中，他顶着个灿烂的太阳，这是表示新的一天从东方升起，他阴郁的性格掩盖了他代表幼年和夏天的特点。但是，东风被认为是不吉利的，尤其是对海员来说。约瑟夫·康拉德在《大海如镜》(*The Mirror of The Sea*）中写道："东风，一个闯入者，进入了西风天气的领地。他是一个面无表情的暴君，身后拿着一把锋利的匕首，准备施行奸诈的刺杀。"

希腊人还定义了处于两个方向之间的四分风神，其中东北风之神卡尔基亚斯和西北风之神史凯隆都是放纵不羁的老人，西南风之神力普斯和东南风之神阿珀利俄忒斯都是年轻人。

和往常一样，罗马人在阿涅弥伊上也盖了自己的印章[2]，尽管只是一个命名上的转变。北风神玻瑞阿斯变成了阿奎罗，南风神诺特斯变成了奥斯特，澳大利亚（Australia）和南极光（aurora Australis）这两个词的英语词根就是从奥斯特（Auster）而来的。对罗马人来

1. 遗址位于今天的利比亚。
2. 意指罗马人把希腊神话都吸收整理了一遍，建立了罗马神话体系。

说，奥斯特还承担了西洛可风的额外责任，因为它有厚厚的云层和水分。西风神泽费罗斯变成了法沃尼乌斯，四分风神则被统称为梵迪。此外，罗马人还在其中加上了暴风之神坦佩斯塔特。

所有的阿涅弥伊都被刻画在了一个最独特的气象学纪念碑上，它是希腊古典时期晚期建造起来的，其中融合了神话、年代学和新兴的预测科学。

· 风的建筑 ·

风之塔是一座有八个面的大理石钟楼，由希腊人安德罗尼卡 · 西尔哈斯于前 2 世纪或前 1 世纪建造，至今仍矗立在雅典的罗马市集。它高 39 英尺，直径 26 英尺，每一面都有日晷。它有一个上面装有风向标的水钟，一个特里同[1]的青铜雕像，特里同手中的三叉戟指着盛行风的方向。(风向标在有钱的罗马人中非常流行，罗马最豪华的别墅都装有自己的风向标，其中一些风向标与下面房间天花板上的罗盘指针相连，这些可以说是第一批气象仪。)

风之塔与罗盘上的点是一一对应的，八个面中有四个朝向东南西北这四个基本方向，其他四个面则朝着中分的方向。在每个面上都有一个掌管这个方向的风神的雕塑，他们有翅膀，会从左到右飞行。我们会看到拿着倒立的水罐的诺特斯，以及通过一个大贝壳往

1. 海王波塞冬和海后安菲特里忒的儿子，希腊神话中的海之信使，表现为人鱼的形象，和他父亲一样带着三叉戟。

里吹风的玻瑞阿斯。力普斯托着一条船的船尾，半裸的泽费罗斯手持一束鲜花。

维特鲁威写《建筑十书》(*The Ten Books on Architecture*) 的时间可能在奥古斯都统治时期，也就是风之塔建造后的100年左右。具体日期尚有争议，也有人说他是在尼禄统治时期写的。众所周知的是，他是一位雄心勃勃、才华横溢的建筑师，赢得了罗马贵族阶层的青睐，尤其是凯撒大帝，《建筑十书》其实就是献给凯撒大帝的。

在一个叫作“街道方向：有关风的评价”的章节中，他引用了希腊哲学家希波克拉底的著作，后者在5个世纪之前写到过那些城镇：“那些面向升起的太阳的人，可能比那些面朝北方暴露在热风里的人要健康”，“居民气色比其他地方更好……他们嗓音清晰，比那些朝着北方的人脾气更好，更有智慧”。

同样，维特鲁威坚持认为“冷风令人讨厌，热风使人衰弱，湿风不利健康”。这完全符合意大利长期以来与干旱、风和潮湿之间让人焦心的关系，它一直延续至今，几乎没有任何改变。我在难以忍受的热天里坐过意大利的火车，车上没一扇窗敢开着，因为担心有人会被进来的风吹到生病。维特鲁威接着以希腊莱斯博斯岛上胡乱排列的米提利尼镇为例，展示城市规划的一种糟糕典型。它看起来是一个可爱的地方，但规划完全是错误的：“在那个社区，当吹起南风的时候，人们生病，吹西北风的时候，人们咳嗽。北风来了之后，他们确实康复了，但不能站在街巷里，因为有严寒。”

·风之别墅·

位于维琴察的贝里齐山上的科斯托扎洞穴，自罗马时代起就被诗人们誉为灵感和神圣洞察力的源泉，但直到文艺复兴时期，人们才意识到它们在控制气候方面的潜力。一位投机的建筑师将它们与邻近的罗马采石场连接起来，造出了一个精巧的地下隧道和洞穴网络。这些网络形成了一个通风管道系统，为三座别墅——伊奥里亚别墅、特伦托–卡里别墅和特伦托·布尼–凡丘利别墅，提供了文艺复兴时期版本的“中央空调”。

这里提到的建筑师是弗朗西斯科·特伦托，他在1560年建造了三座别墅中的第一座——伊奥里亚别墅，迄今仍矗立在科斯托扎。这是一个不起眼的四方形建筑，但内部极其华丽。它有一个巨型大厅，上面是一个带圆顶和壁画的天花板。在房间（现在是一家餐馆）中央的地板上有一个铁制格栅，来自地下网络的风可以通过格栅进入房间。格栅形成了“眼洞”（oculus），或者叫窗户，位于大厅下方一个八角形房间（现在是餐厅的酒窖）的天花板上。这个八角形房间的每面墙上都有一个空壁龛，壁龛下面刻着当地风的名字：波利、欧罗、西洛克、奥斯特罗、加宾、泽菲罗、迈斯卓和特拉莫。

在这些名字中，我们可以辨认出希腊、罗马和当地名字的混合。波利可能是布拉的一个变种，那是一种从阿尔卑斯山吹出的寒冷的东北风。欧罗，我们可以认出来是希腊的东风神。当然，西洛克指的是臭名昭著的东南风西洛可风。奥斯特罗可能是罗马南风神奥斯特的变体。加宾更神秘一些，因为这是一种从大西洋吹来的西班牙西南风，也许这个西班牙术语是西班牙统治时期的产物。泽菲罗让人想起泽费罗斯，可能是西亚得里亚海的西风，而迈斯卓是一种盛行于同一地区的强烈的夏季西北风。特拉莫可能是特拉蒙塔纳的一个派生词，后者是一种寒冷的阿尔卑斯北风。

特伦托在下一个项目特伦托·布尼-凡丘利别墅中精心设置了这种自然空调系统，它不仅有一个地下风道，墙壁内还嵌入了垂直管道网络，可以将凉爽、潮湿的空气输送到各个房间。这些非凡的创新是当时的建筑奇迹。“这些清新通风的房间，让我觉得如同人间天堂一般。”记录特伦托的别墅奇观的牧师和历史学家弗朗西斯科·巴巴拉诺（Francesco Barbarano）如此写道。然而，它们不仅仅是让人耳目一新，它们还体现了与气体治疗学结合的文艺复兴建筑的迷人之处——这是一种加强空气活力，同时增强人类精神的科学。特伦托的伊奥里亚别墅和凡丘利别墅堪称 ville spiritali[1]。

1566 年建筑天才安德烈亚·帕拉第奥（Andrea Palladio）完成的圆厅别墅，将均衡和优雅的经典原则与空气（元气）和风（精神）的科学相结合，见证了文艺复兴时期的巅峰。它坐落在一座山顶上，有四个大凉廊和面向四个主要方向的山形墙，让人想起安德罗尼克的风之塔。圆厅别墅有一个冷却室，位于中央圆形大厅的下方，通过一个炉栅向上通风。冷空气向上穿过房间，通过圆形大厅顶部的一个眼洞流出。这个被动的中央空气系统在夏天为帕拉第奥建筑杰作的幸运拥有者提供了持续流动的冷空气。

1. 拉丁文，此处为双关语，意为气息之城、精神之城。

· 著名的风：从焚风到西洛可风 ·

风已经吹了六天，一刻不停，它吹走了我们所有的欢乐和精神。如果这种情况继续下去，我不知道会有什么后果。

——苏格兰旅行者帕特里克·布莱登，1776 年

在伊奥里亚别墅地板下面的八个壁龛里，有一个方向的风可谓臭名昭著。这就是西洛克，今天被称为西洛可风。如果特伦托去稍北一点的阿尔卑斯山脉建造他那座通风的大厦，那么另一种当地的风就可能取代坏名声的西洛可风，那就是焚风（föhn），一种有着糟糕声誉和复杂成因的地域风。

当大量潮湿的气团被推到像是阿尔卑斯山或落基山等高大山脉的迎风侧时，这些山会抽干每一滴水分。这是因为空气在高海拔的低压下会膨胀，在稀薄的空气中，气体分子会扩散开来，并且振动得更慢。而气体分子的膨胀需要热量，所以尽管事实上并没有热量从中转移走，但空气还是变冷了。这是一种叫作绝热冷却的物理学戏法。当空气潮湿时，冷却过程就会减缓。干燥时，绝热冷却的速度就会加快。

绝热冷却的副作用是雨和雪。任何被推到山边的气团中的水分都会凝结形成云，然后释放降水。潮湿的气团会将山顶笼罩在阴雨连绵中，这称为地形降雨。在特殊条件下，干燥的空气被推过山顶后，会顺着背风面往下冲。当它下沉并获得热量时，会因为逆向的绝热反应而进行再压缩。而风的干燥和快速下降会加剧

这种反应，一般每下降 3281 英尺，温度会升高 10℃。当这种快速移动的空气到达较低的山坡时，温度会比山谷的环境温度高出 40℃。

在阿尔卑斯山地区，这种热山风被叫作焚风，意为“女巫之风”。焚风在夏天会引发野火和火灾，在冬天能融化积雪。它似乎总是伴随着人类的抱怨——偏头痛、失眠，甚至还有更糟的。瑞士和德国巴伐利亚州的一些医院在焚风期间会推迟进行大型手术，据统计，在这段时间内，因大出血和形成血栓而导致的术后死亡率出现了上升。真是不折不扣的疾病之风。

在落基山脉，一种类似的下山风被称作“奇努克”，它以引发冬季气温的剧烈波动而闻名。奇努克风是如此干燥温暖，以至于可以通过升华（直接从冰变成气态，而不用先融化）的过程将雪蒸发掉。在艾伯塔省的莱斯布里奇，雪在奇努克风的吹拂下以 12 英寸/时的速度蒸发这种事绝不会没有听说过。这种转变速度甚至可以更加惊人。1943 年 1 月的某一天，在南达科他州拉皮德城，奇努克风在不到 5 分钟的时间里把气温从 −20℃提升到了 7℃。1972 年 1 月 15 日，在蒙大拿州洛马市，奇努克风把气温从 −48℃提升到 9℃，这 57℃的变化是在不到 24 小时内完成的。

气象学家似乎特别喜欢把绰号搞混，尤其是涉及相关现象时。你不仅可以随着海拔上上下下进行绝热冷却和绝热加热，还将据此遇见上坡风和下坡风。上坡风是一种温暖的风，它吹向山坡，是由山坡的太阳能加热引起的。下坡风是一种从高处吹下的风。臭名昭著的南加州圣安娜风是一种下坡风，它从内华达山脉东北的干旱大平原吹来。这股风是如此干燥，以至于当它沿着内华达山脉的山谷下滑时，会像焚风一样迅速吸收热量，当它到达洛杉矶和圣地亚哥时，会变得如同热炉一样。

圣安娜风助长了南加州最大的野火，而且就像阿尔卑斯山的焚风一样，也影响着人们的性情。雷蒙德·钱德勒（Raymond Chandler）在他的短篇小说《红风》（*Red Wind*）中写道，在圣安娜风吹起的那个夜晚，“每一场酒会都以一场斗殴而告终。温顺的小妇人们摸着切肉刀的边缘，研究着丈夫们的脖子。任何事情都有可能发生，你甚至可以在鸡尾酒廊里喝上一满杯啤酒”。

其他的山风就不那么温暖了。寒冷干燥的西北风沿着罗纳河谷咆哮而下，速度达到了 93 英里 / 时，直接摧毁了法国里维埃拉和里昂湾的度假胜地。几千年来它一直是这样干的。10 年左右，希腊地理学家斯特拉博称其为“一种鲁莽而可怕的风，能移动岩石，把人从车上扔下来，折断他们的四肢，剥去他们的衣服，夺走他们的武器”。现在人们知道，它会拆掉砖砌的烟囱，吹走屋顶的瓦片，甚至掀翻火车的货运车厢。

并非所有不祥的风都是由山引起的。还有一种原产于南欧和中东的风，主要是在春季因低压系统向东穿过地中海而产生的。这种低气压会捕捉从撒哈拉沙漠和阿拉伯半岛汇集而来的热的含尘空气，给它增加额外的湿度，然后吹向内陆。

它在摩洛哥叫累韦切，在突尼斯叫吉卜力，在埃及叫喀新，在伊拉克叫夏马尔，在以色列叫沙拉夫，在南欧用的是阿拉伯语名字西洛可。没有人给它好评。乔治王时期[1]的旅行作家帕特里克·布

---

1. 英国国王乔治一世至乔治四世在位时期（1714—1830年）。

莱登（Patrick Brydone）在1776年出版的畅销书《穿越西西里岛和马耳他之旅，给萨福克郡撒莫利的威廉·贝克福德先生的信札》（*A Tour Through Sicily and Malta, in a Series of Letters to William Beckford Esq., of Somerly in Suffolk*）中，言及西洛可风之时，谈到了它使得游客感觉到倦怠、头痛和无聊，即便是当地居民也不能幸免。

> 一个那不勒斯的情人会在西洛可风期间极其小心地避开他的情妇，而这股风激起的懒散足以熄灭一切激情。在它延续的日子里，所有天才作品都被搁置一旁。一旦出现极其平淡无味的创作，他们能给出的最强烈反对意见就是，它写于西洛可风的季节。

一个认识布莱登的法国人抱怨说："啊，我的朋友，我快死了，我，一个从来都不知道'无聊[1]'这个词意思的人，但这可怕的风[2]如果再持续两天，我就上吊自杀。"

在这些哀号发表的两年前，在爱尔兰的米斯郡，丹尼尔·奥古斯塔斯·博福特（Daniel Augustus Beaufort）的妻子玛丽·博福特（Mary Beaufort）生下了一个注定要成为风之大师的男孩。

1. 原文为法文：ennui。
2. 原文为法文：Mais cet exécrable vent。

·博福特风力等级表·

乍一看，水面上的风速似乎没有得到和在陆地上同样的尊重。为什么用节而不是英里/时或公里/时来衡量呢？似乎湖泊和海洋让风的确切速度变得模糊或粗略了。正常风速表在大量水的附近不再适用了吗？究竟是水的什么原因，使得测量需要这种奇怪的转换，就像换取外币一样？其实，这些都取决于参照点。为了精确地测量风速，你需要一个固定的、不能移动的点，而这在开放的海域上是很难找到的。

在水面上，一切都是相对的——你的船朝着一个方向移动，波浪朝着另外一个方向移动，船头下的水流朝着第三个方向移动。因此，航海者会使用博福特风力等级表，这是一种精确测量船只速度的新方法。

丹尼尔·博福特是一位新教牧师，也是爱尔兰皇家科学院的成员。他是一流的古典学家、学者、社会活动家和制图员，于1792年出版了最精确的爱尔兰地图。不幸的是，他有些挥霍无度。为了躲避法律制裁，一家人不得不搬来搬去。在他儿子弗朗西斯16岁的时候，他们已经在爱尔兰和英格兰搬了六次家。

在这样的情况下，弗朗西斯的教育显然受到了耽误，但有一件事给他带来了好处。1788年，弗朗西斯14岁时，他参加了都柏林三一学院天文学教授亨利·厄舍（Henry Usher）博士的课程，这些课程是在新近落成的丹辛克天文台里开设的。在这里，他了解了恒星、星座和行星的本质。通过大型的丹辛克望远镜，他看到了金星的月牙，观察了月球山脉，还看到了木星的卫星。他学会了如何使用六分仪[1]来计算自己在全球经纬度网格上的确切位置。

厄舍通过训练他的科学观察力，对年轻的弗朗西斯产生了巨大的影响。那段时间，弗朗西斯在一本天体日记中描述过一种月晕，这一确切的迹象意味着天即将下雨。

> 1788年12月12日11点后，我看到一个环绕月亮的圈，距离大约为8’或9’，宽度是月亮（直径）的一半。它由三层色度组成，最里面那个靠近月亮的略呈淡紫色，旁边的呈浅红色，最外面那个是带点淡绿的黄色。

一年后，弗朗西斯的父亲为他在“范西塔特号”上找到了一份差事。这是一艘驶往荷属东印度群岛巴达维亚港（今雅加达）的三桅护卫舰，他的海军生涯就此拉开序幕。开始航行三周后，弗朗西斯被任命为官方的正午纬度观测员。事实上，这个15岁男孩对六分仪非常精通，他把巴达维亚市的官方地图位置挪动了3英里。他是对的。

不幸的是，在离开巴达维亚的返航途中，因为航海图上的错误标注，范西塔特号撞上了一个浅滩，沉没了。弗朗西斯幸免于难，回到了英国，加入了皇家海军，正好赶上了与法国的战争。他在英国海军中迅速晋升，22岁就被任命为地中海战舰“法厄同号”的中尉。1796年秋天，法厄同号袭击并占领了一艘西班牙军舰。弗朗西斯是第一批跳上敌船的，结果被毛瑟枪近距离射中，一颗爆炸的手

---

1. 用来测量远方两个目标之间夹角的光学仪器。

榴弹的碎片溅满了他的全身，还被一个佩剑的西班牙人偷袭，对方朝他头部重重地给了两击。

他又一次活了下来，但由于左肺留着一个火枪子弹和十几处其他伤口而卧床数周。1805 年，他得到了新的使命，跟随舰船“伍尔维奇号”对南美洲海岸进行水道测量。在这之后，他又进行了更多的水道测量。正是在这些探险活动中，他开发了第一个版本的风力量表，并做了一些粗略的笔记，后来写成一本关于海上预报的书，最终定名为《天气符号》(*Weather Notation*)。

1812 年，皇家海军调查发现，他在东地中海指挥“弗雷德里克斯泰因号”执行任务的过程中，打击了当地的海盗。那年 6 月，他船上的一支登陆队遭到了帕夏[1]们的袭击，弗朗西斯上岸营救了他的船员。当他们回到船上时，一名狙击手向弗朗西斯开了一枪，子弹把他的屁股打开了花。他在船上休养了几个月，最终回到英国，此后再也没有执行过现役任务，尽管他仍然留在了海军里。

1829 年，他被任命为海军部的水道测量师；1846 年，被提升为海军少将。在 1838 年，英国海军采纳了他的风力量表，这个表至今仍被所有海船使用。

博福特量表的标准单位是节，它源自早期计算海上速度的系统，即把一个“手操计程仪”(chip log) 扔到海里，上面绑上一根绳子。这根绳子已经均匀地按照测量好的距离打上了结（节），然后用一个小沙漏来测量一段固定的时间，通过在一段时间内拉开的绳子节数就能计算出船的速度。1 节等于 1 海里 / 时或 1.15 英里 / 时。

1. 奥斯曼帝国行政系统中的高级官员，通常是总督、将军及其他高官。

博福特的节测量风速系统从0级（无风）到12级（飓风级），共有13个等级。博福特2号相当于轻柔的微风或以1～2节的速度航行的船只，而博福特4号相当于中等的微风或5～6节的航速。在博福特量表的初始版本中，任何超过4节的风速都不再用节数来衡量，而是用风对帆的影响来衡量。“中大风”（博福特6号）需要双顶帆和三角帆，而“大风”（博福特9号）需要收紧顶帆和大横帆。

现在的博福特量表已经经过了一些调整。20世纪初，探险者在暴风雪肆虐的南极周围遭遇了异常猛烈的大风，于是他们又增加了6个等级，上升到18级[1]。这一定是经历某种令人绝望的测量之后做出的改变，因为初始版本中的12级强度至少为75英里/时，相当于1级飓风的强度。在南极洲，有记录的最高风速为200英里/时。

· 喷流 ·

第二次世界大战是第一次气象学家发挥了战略性作用的战争。以至于在英国，公共天气广播在战争期间被暂停，这在某种程度上给许多公民带来了不便。与此同时，气象学正在成为一门硬科学，战争正在成为锻炼天气预报能力的熔炉，一批最优秀、最聪明的年轻气象学家被美国军方征召，为太平洋战场上的战斗提供准确的预测。

其中一位是驻扎在关岛的地质学家和气象学家里德·布赖森

1. 原文如此。

(Reid Bryson)。与他的许多同行不同，布赖森熟悉德国气象学家海因里希·塞尔科普夫（Heinrich Seilkopf）的工作，后者在1939年就发现了高空的风，并把它叫作“喷流”。布赖森很快就采纳了塞尔科普夫的理论并加以运用，他预测，飞向日本的轰炸机可能会遭遇高空的西向逆风，从而减慢飞行速度。来自飞越大西洋的飞行员的轶事报道中早就提到过，高空的西向顺风使他们的地面速度提高了100英里/时。

布赖森是正确的。1944年11月下旬，美国空军部署了一项秘密任务，对东京附近的一个工业目标——本州进行打击，任务执行者飞进了一条喷流。当时，111架B–29轰炸机载着经过特殊训练的机组人员，去执行“二战”以来第一次高空轰炸任务，途中遭遇了灾难性的大风。本来一切都很顺利，直到接近目标时，机队转身，开始在本州上空33000英尺的高空从西向东飞行。随着他们开始投弹，整个机队像被一只巨大的手推着一样突然前倾。他们飞进了时速402英里的大风里，大多数炸弹没有击中目标，落入大海后没有造成任何伤害。

后来，其他高空轰炸机在飞往日本的途中也遇到了类似的神秘逆风，风力如此之强，其中一名飞行员后来讲述道：“这些本该在很久以前就飞越的岛屿在下面静止不动，就像整个场景都被冻住了一样。”一些飞机被迫在燃料耗尽之前返回。

这些航空危险必须搞清楚，并制定相应对策。在接下来的几年里，气象学家们发现，有四根高速风管（实际上是起伏的全球环流）像沙子里的响尾蛇一样，沿着对流层顶层蜿蜒而行，其中两根在北半球，两根在南半球。它们与河流相似，流动速度在边缘较慢，在中心最快，中心的风速可达 310 英里 / 时。

如果风是流向其他地方的空气，那么喷流就是一条高速快车道。它们就像蜿蜒着的自由漂浮的风洞，将南北半球的三个主要环流——极地环流、费雷尔环流和哈德利环流——分隔开。

一个大气环流是一个巨大的环状旋涡，就像一只无趾袜总是被翻来翻去，或者更棒的形容是，像一个烟圈。如果你能让一个烟圈水平悬浮，然后非常小心地把一个小球体置于滚动的烟圈里，就会得到一个小型的哈德利环流。（当然，烟圈的横截面应该是圆形的，而任何大气环流的横截面都应该更接近椭圆形，虽然从类比上来看，两者已经非常接近。）

哈德利环流是在从赤道垂直上升的空气中形成的，它在上层大气中向北移动，并在北纬 30 度左右下沉，那里大致是摩洛哥拉巴特、格鲁吉亚第比利斯、埃及开罗和中国上海所在的纬度。（这种下沉的空气是干燥的，所以大多数大沙漠——撒哈拉沙漠、索诺拉沙漠、戈壁沙漠，都恰好位于北纬 30 度附近。）一旦它下沉到地球表面，空气就会向南朝赤道方向移动，完成哈德利闭环。东北信风是向南移动的空气受科里奥利效应影响偏转的结果。

费雷尔环流是一个环状的空气输送器，它除了流动方向相反，其他都与哈德利环流完全一样。费雷尔环流从北纬 60 度左右上升——大概是斯德哥尔摩、怀特霍斯和设得兰群岛的位置，向南进入高层大气，然后在北纬 30 度下沉，正好也是哈德利环流下沉的地带。这三个环流中的最后一个极地环流，与费雷尔环流方向相反（与哈德利环流方向相同），从北纬 60 度上升向北，到达北极后下沉，从那里向南扩散到低层大气中。哈德利环流、费雷尔环流和极地环流在南半球也叫相同的名字。

某种意义上，这些流动的气流带就像搅拌机里的奶昔：液体从搅拌机的一侧向上，穿过顶部到达中心，在那里以一个旋涡的形式下沉到叶片中。这个比喻完美地适用于极地环流，但对其他环流而言就不那么适用了，它们是一条条的长带。每一个旋涡都变成了一个细长的槽，其运动的长度相当于哈德利或费雷尔“奶昔”的长度——就是绕地球一圈的长度。无论这个槽出现在哪里，是在极地环流和费雷尔环流之间，还是在费雷尔环流和哈德利环流之间，喷流都直接位于两者的边界。这也就是南北半球各有两个喷流的原因。

现在情况变得有点复杂了，我们需要介绍另一位科学家卡尔-古斯塔夫·罗斯比（Carl-Gustaf Rossby）。罗斯比 1898 年出生于瑞典，1925 年移居美国，在麻省理工学院航空学系任教。15 年后，在二战开始时，他被任命为芝加哥大学气象学系主任（藤田后来成为该系的一名教员）。和伟大的前辈、美国气象学家克利夫兰·阿贝（Cleveland Abbe）一样，罗斯比也是一名流体动力学专家，他把描述流体动力学的数学原理应用到了大气上。“二战”前，就在海因里希·塞尔科普夫发现喷流的那一年，罗斯比进行了一次重要的观测，永远地改变了天气预报和气象学，发现了后来以他的名字命名的海浪。

喷流与罗斯比波的图底关系[1]是现代气象预报的核心。要解释什么是罗斯比波，我们必须回到科里奥利效应：地球自转导致风暴在南半球顺时针移动，在北半球逆时针移动，当你接近两极时，这种

1. 图形和背景之间的关系，涉及核心物体的识别。

效应会变得更强。某个物体离极点越近，它与旋转轴（穿过地球中心连接南北两极的一根看不见的杆）的对齐程度就越高。科里奥利效应越强，极地环流与费雷尔环流之间的失稳剪切边界就会变得越强，这就会引入像海岸线一样的点和湾。这些点和湾就是罗斯比波，它们缓慢地移动着，有时向西，有时向东。喷流沿着它们的轮廓运动，这就是为什么它们对天气预报而言如此重要。

许多气象专业的学生都在与关于罗斯比波的复杂数学做斗争，更不用说流体动力学这座数学迷宫了。但是预测天气并不是一直那么繁杂，它可以简单到只需去你家后院站一站，或者看看大风天里的街道。

· 通过风来预测 ·

风的方向会告诉我们很多关于天气将如何变化的信息，这与 1857 年一位荷兰物理学家的洞见有关。他的全名为克里斯托弗鲁斯 · 亨里克斯 · 迪德里克斯 · 白贝罗（Christophorus Henricus Diedericus Buys Ballot），后人称之为白贝罗，当时他在荷兰乌得勒支大学任教。1845 年，他让一群音乐家在一辆敞篷火车的车厢里演奏，通过这个著名的实验证实了多普勒效应。（当一个移动的声源，比如救护车的警报声，接近或远离听众时，会发生音高的变化。）不久，他的兴趣转向了气象学。那时刚刚出版了第一批显示气压梯度或等压线（具有相同气压的区域）的天气图，白贝罗被迷住了。引起他注意的不是高压区和低压区那起起伏伏的圈圈，而是等压线之间的风向箭头。

他注意到了一个模式，风总是沿着等压线吹，而不是穿过等压线，如果再考虑到高压和低压系统的旋转，白贝罗意识到可以通过背对着风站着去预测天气。所以在北半球，低压区总是在你的左边，而高压区总是在右边（南半球的情况正好相反）。考虑到大多数中纬度地区的天气都是由西向东移动的，所以做出一个基本的、相当准确的预报就是一件很简单的事了。

举例来说，如果风是从北方来的，你就处于位于你左边的逆时针旋转的一个低压区和位于你右边的顺时针旋转的一个高压区之间。当高压区域移动到你上空时，天气很可能会从下雨变得晴朗凉爽。白贝罗希望他的速记预报法能成为大海中的一种救命手段，事实也的确如此。水手们能够运用它，提前很长时间避开风暴和飓风。然而，说到长期预报，水手们还不得不再等上 100 年。

第八章

风向何处吹：天气预报的故事

自然之书是以数学语言写就的。

——伽利略·伽利雷

几千年来，没有能力去预见未来一直让人类感到沮丧。随着演化的飞跃，自我意识让我们认识到自己被时间之箭所奴役，只能盲目摸索着走向未来，不知道会有什么即将发生的灾难正在那里等着我们。这确实是对我们假定人类无所不知的一种限制。你可以称它为一种现世的幽闭恐惧，而且它曾经是一种只有先知和预言家才能治愈的焦虑。每一个古代文明都尊重那些声称自己能预测未来事物的公民，而在这些少数先知身上，我们托付了自己的希望。

早期的罗马人会向占卜师寻求建议，鸟类的出现和飞行对这些预言来说极为重要。一只鹰降落在奥古斯都的帝王帐篷上，这预示了他在阿克提姆海战中的胜利。在远离罗马的斯堪的纳维亚半岛，传说奥丁每天都把他的两只乌鸦——胡金（Huginn，古斯堪的纳维亚语，意为“思想”）和穆宁（Muninn，古斯堪的纳维亚语，意为

"头脑")放出，让它们带回知识。奥丁痴迷于占卜，他最终把自己的一只眼睛献给了诺伦三女神[1]，以换取预知未来的能力。事实上，奥丁这笔交易还算不错。在希腊神话中，可怜的特伊西亚斯[2]为了得到预言的能力，是以两只眼睛为代价的。雅典娜弄瞎了他，随后又心生怜悯，于是赋予他理解鸟叫声和它们预言的能力。即便在今天，看手相的人生意仍然很好，未来主义者的演讲也让投资研讨会一票难求。但在准确性方面，他们都比不上气象学家，至少短期内如此。

17 世纪是预言的黄金时代。一旦伽利略和开普勒发现了行星的轨道，确定天体何时会排成一线和重合就成了孩子都能玩的把戏。这就是为什么天文学家在长期预测方面首屈一指，比如能够预言几百年后的日食。他们的预言是基于行星和恒星的时间轨道，这跟看一眼手表就能指出 5 点之后是 6 点并没有多大不同。

但预测大气那动荡、不稳定的变幻，根本是另一个数量级的事情。现代的天气预报就像把一把鬼火钉在墙上，与其说是天文学，不如说是占卜。然而即便这样，在充满湍流和蝴蝶效应的世界里，数学仍然是这项工作的基础。转瞬即逝的云、变化无常的风和随机多变的洋流预测，都是通过流体力学和热力学方程的分析机制进行的。但要谈论这些，有点超出我的知识范围了。

描述天气的数学用了很长时间才建立起来。天气和气候的波动周期和所有生物之间有着很深的连接，一种本能使它们具有能够预

1. 北欧神话中的命运女神，一说是智慧巨人密米尔的女儿，另一说是时间巨人诺尔维的女儿。共有三位，其中最小的一位诗寇蒂司掌"未来"。

2. 生活于底比斯的一位盲人先知，最初为男性，因触怒天后赫拉，被变为女性，七年后恢复为男性，在史诗《奥德赛》中有讲述其故事。

测天气和气候变化的先见之明——从暴风雨前鸟类会聚集到叶子茂盛的树上，到碧伟蜓会在秋季向南方迁徙。我们人类与天气之间，也有一种发自内心的、根深蒂固的联系。一些基本的东西是我们日常观察的基础。对于气压计何时骤降，偏头痛患者知道得可谓相当清楚。归根结底，是观察、记忆和发现模式的能力，使得我们能够建立起共同的知识体系。

没有人知道第一次天气预测是什么时候做出的，很可能是在人类发展相当早期的阶段。有人曾经观察到黑猩猩聚集在一起观看异常绚丽多彩的日落，所以可以肯定地说，在冒险走出非洲很久以前，我们就已经对天气的某些规律有了一定的观察能力，而这些规律暗示了天空中藏着些什么。当我们从狩猎采集者转变为农民时，对天气的预知与否决定了生存还是毁灭，也决定了富裕还是贫穷。一批成熟的小麦可能会被过多的雨水所摧毁，而提前一两天知道即将到来的天气甚至可以在寒冬降临时拯救居民们的性命。日出和日落的颜色可能是最早的气象预报之一，我们的谚语“红色的夜晚，水手的喜悦；红色的早晨，水手的警报”就说明了这一点。类似的被记载下来的观察可以追溯到前 650 年，当时巴比伦人已经在研究云的模式。

但直到几个世纪后，希腊人才开创了天气预测的下一个阶段。他们发明了第一个每日天气预报，并发布在许多城市集市的柱子上，不过关于这一点尚存争议。这些公告被称为天文历法或佩格历书，但它们更像是临时预报，通常包括对当地情况的描述，有时也伴有天文细节，“大角星升起，有南风、雨和雷”。我最喜欢的一句很简单，“天气可能会变”。

亚里士多德在前 340 年发表《天象论》(*Meteorologica*) 的时候，

天文历法仍在使用。《天象论》中提出了四大元素的猜想："我们断言，火、气、水、土是从彼此中间起源的，每一种都潜在地存在于每一种之中，正如所有事物都可以分解成一个共同的、最终的底物一样。"他没有掌握我们今天所拥有的科学细节，但他或多或少地勾画出了碳循环的过程——空气（二氧化碳）被锁定在土地里，最终由火（火山）释放到大气中。他还给出了云、风和露的形成以及其他一些现象的理论解释。其中一些听起来很古怪，比如，"当有大量呼气存在，这是罕见的，它被挤出云朵本身，我们就会得到一个霹雳"。但只要想想，与他同时代的大多数人还都相信闪电是宙斯投掷下来的，而他已经是一个激进的逻辑学家了。

亚里士多德出版《天象论》的差不多同一时期，他的学生、后来的同事伊勒苏斯的泰奥弗拉斯托斯[1]在《符号之书》(*De Signis*）中汇编了一套民间的天气谚语。这些神秘的知识里有着一股乡村风味，并且展示了希腊文明是如何深植于爱琴海地区的自然历史之中的："如果蚂蚁在一个坑里把卵从蚁丘往高地搬，就是要下雨的迹象；如果它们往下搬，就是晴天的迹象……苍鹭在清晨鸣叫是风或雨的征兆；如果它一边朝大海飞一边叫，那就是只有雨，没有风；一般来讲，如果它叫得很大声，那就是风的征兆……如果一盏灯在暴风雨中安静地燃烧着，就预示会有好天气。"

这些谚语是当时农民的四时历书，其中一些是可靠的预言，但亚里士多德还要应对其他一些问题。一种抽象的理论当时正在流传：

1. 约前372—前287年，希腊哲学家和自然科学家，被认为是植物学之父。他是亚里士多德的学生，后接替亚里士多德领导逍遥学派，担任吕克昂学院院长。

在某种情况下，在没有任何物质实体时，可能存在一种叫作真空的东西。嗯，一点都没有，真的什么也没有。亚里士多德驳斥了“虚无”的概念，并发表了一项论断，这一论断在接下来的近2000年里未受质疑——真空是一种“逻辑矛盾”。

就像其他许多东西一样，希腊民间传说中被一致认可的智慧也传到了罗马人那里。那位能够把自己的演讲词倒背如流的伟大演说家西塞罗曾写道：“暴风雨往往是由某个特定的星座引起的。”老普林尼（他死于庞贝城，当时他强征了一艘罗马帝国的海军舰船带他去火山喷发的地方，还自信地提醒一位乘客说，财富偏爱勇敢者。）在他的《自然历史》一书中描写了很多关于天气的内容，“当云扫过天空，可以从云来的方向预测风向”，“水母出现在海面上预示着几天的风暴”。904年，伟大的波斯穆斯林科学家伊本·瓦赫西亚（Ibn Wahshiyya）从纳巴泰阿拉伯人那里翻译了一本关于农业的书，书中称可以通过月相和大气变化来预测降雨。5个世纪后，莱昂纳多·达·芬奇组装了第一台湿度计来测量湿度。但对现代预测而言，最重要的发明是1650年埃万杰利斯塔·托里切利（Evangelista Torricelli）的气压计。

·气压计的发明·

1608年，伽利略·伽利雷听说一位荷兰眼镜制造商发明了一种排列镜片的方法，有使远处的物体看起来更近的神奇力量。伽利略在比萨城复制并改造了这个设备，造出了世界上第一个天文望远镜，并把它对准月球，成为第一个看到月球环形山的人。对准木星后，他发现木星被几个卫星环绕着。他在夜空中转动望远镜看到的每一个地方，都布满了星星和星云，这个全新的浩瀚宇宙中的一切，都证实了哥白尼的异端论断：是地球绕着太阳转，而不是太阳绕着地球转。那里正在举行一个盛大的聚会，而梵蒂冈没有受到邀请。对任何一个有望远镜的人来说，这一切都显而易见。

但是地球的大气层还未被完全了解。当时，空气被认为是没有重量的，任何比空气轻的东西都被认为是不可能存在的。1630年，年轻的科学家乔瓦尼·巴蒂斯塔·巴利亚尼（Giovanni Battista Baliani）写信给他的导师伽利略，讲到了他在用自己发明的一根虹吸管吸水时发现的一个问题。他用一个吸力泵把水往山上抽，想弄清楚水能升到多高。

巴利亚尼发现，如果输水虹吸管中的水到达一个临界高度，大约 34 英尺时，就会停止流动，有东西在阻碍它。在他来信之后，伽利略用两个非凡的猜想做了回应（于几年后的 1638 年公开发表）：他不仅承认真空可能存在（在巴利亚尼虹吸管的顶部），还断言真空不够强劲到能够提升相当于 34 英尺以上的水的重量。

两年后，这一推测激发了两位年轻科学家加斯帕罗·贝尔蒂（Gasparo Berti）和拉法埃洛·马约蒂（Raffaello Magiotti）的灵感。他们将一根 42 英尺长的铅管注满水，将管子两端都封住，然后放在一个装满水的盆里，并打开管子底部的塞子。与直觉相反，圆柱体内的水并没有完全流出。事实上，几乎没有多少水溢到盆里，管子里的水平面只稍稍下降了一点。因为上端是密封的，所以圆柱体的顶部必然有一个空间。在那个空间里会有什么？贝尔蒂和马约蒂是否成功地制造出了大自然不喜欢的东西，一种不自然却强大到能举起水柱的东西？

一位32岁的罗马数学家埃万杰利斯塔·托里切利为这个实验拍手叫好，这是第一个公认的人工真空，但他更感兴趣的是试管中剩余水的高度。贝尔蒂和马约蒂估计，这个高度大约是34英尺，和巴利亚尼管子里的水一样高。为什么会有这种一致性？早在九年前的1631年，勒内·笛卡尔（René Descartes）就已经提出了空气可能有重量的理论，并进一步推测能够制造出一种测量空气重量的装置。托里切利意识到，贝尔蒂和马约蒂的实验装置就是如此——它显示出大气的重量把水往管子的上部推，并阻止水流出来。托里切利已经发现了气压计，至少在理论上是如此，他所要做的就是自己造一个。

托里切利回到他的实验室，开始构建一个原型。但就在实验室窗外，宗教裁判所正在大发淫威，而他的邻居都是爱管闲事、喜欢说长道短的人。倘若一个两层楼高的气压计从他的院子里拔地而起，会被视为是魔鬼干的。那些被认为是异教徒的科学家会被锁进地牢里，或者像乔尔丹诺·布鲁诺（Giordano Bruno）那样被烧死在火刑柱上。即使是伟大的伽利略，这位托斯卡纳大公费迪南多二世的宫廷数学家，也被迫公开撤回了他的科学发现，并被流放。（尽管被放逐到他在阿切特里的别墅看起来不像是惩罚。）

托里切利实验室的天花板不够高，无法容纳一个34英尺高的气压计。他需要找到一种替代品，一种比水密度更大的东西，可以让他缩小气压计的尺寸。水银正好符合这个要求，它的密度是水的

14倍[1]，这样34英尺长的铅管就能被32英寸的玻璃管代替。一旦水银找到它的水平位置，托里切利就能看到密封管顶部的真空空隙。最棒的是，整个装置很容易放置在一张小桌子上。

在科学上，似乎重要的东西一开始总是看不见的：辐射、无线电波、重力和空气的重量。现在，看不见、摸不着的大气压的范围已经看得见了。1644年春末，托里切利在给朋友米开朗基罗·里奇（Michelangelo Ricci）的信中宣称："我们被淹没在自然空气海洋的底部生活，通过无可争议的实验能证明空气有重量。"所以，看不见的大气压王国不仅变得可见了，而且可以测量。此外，托里切利还校准了水银柱，记录下水银柱高度的每日变化。他写道，他的仪器"将显示大气的变化，它有时重一些，有时又更轻更薄"。

托里切利用他的气压计得到了一个可观察到的真空，他可以用它来做其他实验。在其中一个实验中，他试图确定声音是否能在真空中传播，结果并不确定。他还好奇地把昆虫放在真空中，看它们能否存活。托里切利以为昆虫不能在里面呼吸，却发现它们能。[2]

在接下来的几个世纪里，托里切利的水银气压计经历了许多改进。布莱兹·帕斯卡尔（Blaise Pascal）在1646年发明了一种便携式的水银气压计，两年后在一座山上用它来证实了空气密度随着海拔的升高而降低。制造商也加入了这个游戏。每个人都对这些小小的预测设备充满好奇，到了1670年，也就是小冰期最冷阶段的第一

1. 确切地说，是13.6倍。
2. 可能是当时实验设计的问题，托里切利这两个实验其实都是失败的。

年，气压计成了有钱人必备的谈资工具。随着价格的下降，这股风潮传到了中产阶级那里。此后200年里，气压计走向全球，光欧洲就注册了3000多家气压计制造商。个人预测的时代已经到来。当你的气压计骤降，你就知道坏天气要来了。它们躺在豪华的手工雕刻的木箱里，成为一个家喻户晓的奇迹。

科学家们继续对气压计及其兄弟湿度计进行改进，湿度计由莱昂纳多·达·芬奇发明，并于1783年经瑞士物理学家贺拉斯·贝内迪克特·德索叙尔（Horace Bénédict de Saussure）加以完善。湿度计用来测量大气中的水蒸气，德索叙尔的版本使用了一根人的头发。（把头发紧紧绷在黄铜框架内，然后与刻度表上的指针相连，湿度对头发长度的影响就可以被测量出来。）德索叙尔哀叹道，所有在天气预报方面取得的科学进展，还比不上民间智慧。有句谚语叫，“当有足够晴朗的蓝天来补荷兰人的马裤时，就会有好天气”。对此他写道：“这是在羞辱那些一直致力于建立气象学的人。你看看一位农艺师或者一位船工，他没有仪器，也没有理论，都能提前很多天预测出未来的天气变化，而且精准程度是那些哲学家借助所有科学资源都无法实现的。”

1843年，法国物理学家卢西安·维迪（Lucien Vidie）制作了一个无液气压计。这个像钟一样的仪器没有使用水银，它依靠的是一个小小的金属鼓，其中包含一部分真空，会随着气压的上升和下降而膨胀和收缩。这个鼓被绑在一根弹簧上，通过一系列杠杆，连接到气压计表面的指针上。无液气压计比水银气压计更小、更耐用。一年后，维迪又进行了完善，用一支笔代替了气压计上的针，这支笔会在一卷纸上画线，纸则覆盖在一个会旋转的发条鼓上。这样在几天时间里就能做出一张有升有降的图表，成为气压变化的永久记录。

· 天气预报 ·

随着湿度计、气压计和温度计的使用，第一次公开天气预报的舞台已经搭建好了，其缔造者是罗伯特·菲茨罗伊（Robert Fitzroy，1805—1865年），第三代格拉夫顿公爵的儿子，查理二世的曾孙。他在北安普敦郡的帕拉第安公馆长大，小时候梦想着和大不列颠海军一起航行，指挥当时作为舰队主力的三桅纵帆船。为了实现这个目标，12岁时，他考入英国皇家海军学院，两年后作为一名普通水手加入英国皇家海军，乘坐欧文·格伦道尔号护卫舰开始为期6个月的南美之行。

1822年1月罗伯特回国后，给家人讲述了许多异国见闻。但是，1822年对菲茨罗伊一家来说并不是一个好年份。罗伯特的舅舅卡斯尔雷子爵曾是英国的外交大臣，但他近些年特别不顺心。雪莱曾在一首诗中嘲讽他，英国公众也越来越不待见他，他开始表现出精神错乱的症状。在他陷入疯狂的过程中有一段罕见的清醒，当时他这么说道："我的思想，可以说，已经消失了。"那年8月，他用一把铅笔刀割开了自己的喉咙。

奇怪的是，对菲茨罗伊来说，这并不是他遇到的唯一一起自杀事件。他最终被任命为"贝格尔号"（又名"小猎犬号"）的船长，而他和查尔斯·达尔文的联合其实源自另一桩自杀事件。普林格尔·斯托克斯（Pringle Stokes）船长执掌“贝格尔号”期间，曾在火地岛顶端附近的阴冷水域里开展长期的水文测量。1828 年，斯托克斯在航行日志中写道：“没有什么比我们周围的场景更令人沮丧。”无尽的灰暗日子和潮湿、刺骨的寒冷，使他陷入无精打采的消沉之中，日记也变得越来越阴郁。当考察到痛苦湾（Golfo de Penas）靠近智利的一侧时，他声称这是一个“人类灵魂可以在它身上死去”的地方。几个星期后，他把自己锁在宿舍里，拒绝出来。过了六个星期，他用枪打爆了自己的头。

回来说说罗伯特·菲茨罗伊。22 岁时，他接过了这艘船的舵柄，而这艘船后来成为历史上著名的船只之一。他是一位能干的船长和出色的航海家，几年后，他进行了为期五年的探索和发现之旅，环绕地球一周。菲茨罗伊请熟识的弗朗西斯·博福特为自己的第二次航行推荐一位同伴，结果，查尔斯·达尔文被任命为首席科学官。

这次著名的航行充满了曲折。在旅程中，菲茨罗伊透露出一种充满恶意的逆反，有时会和达尔文陷入不可理喻的争论。达尔文的日记里提到了其中的一次，用语是“处于精神错乱的边缘”，几年后他写的一封信中把菲茨罗伊描述为“可怜的家伙，他的思想……完全失去了平衡”。看起来，菲茨罗伊没有真正的科学家的那种冷静和公正。他是维多利亚时代行将消亡的业余绅士博物学家中的一员，他们很快就会被精通逻辑方法论的专业人士超越。

航行结束后，菲茨罗伊出版了一部四卷本的作品，讲述他与达尔文的冒险经历。他获得了英国皇家地理学会颁发的金牌，并于 1841 年成功当选为议会议员。1843 年，他被任命为新西兰总督。他一直对气象学感兴趣，并与弗朗西斯·博福特保持着密切联系，后者是他实现创建航海船舶天气预报系统这一抱负的重要合作伙伴。菲茨罗伊于1848年回到英国，1854年被任命为英国商务部新成立的气象部门的负责人。

他开始对英国15个内陆观测站的天气数据采集进行标准化，并通过电报传送到他的办公室。1859年，在一场全国性的海难[1]之后，他抓住这个机会设计了他称作“天气预报”的天气图表。但他的预测有时并不符合逻辑。在1863年出版的《天气之书：一本实用气象手册》（*The Weather Book: A Manual of ractical Meteorology*）中，他提出了一个奇特的概念，即指示天气变化的标志与相关天气到来之间的时间间隔长度，表明了这段天气将会持续多长时间。更偏离科学的做法是，他把菲茨罗伊风暴瓶安装在英国每个主要港口的码头边。水手们冒险出海之前都要征求这些装置的意见，但它们只是装着硝酸钾、氯化铵、乙醇、樟脑和水的混合物的玻璃圆筒而已。这种混合物偶尔会产生晶体或漂浮的颗粒[2]，菲茨罗伊坚持认为，这些颗粒预示着天气的变化。事实上，它们与天气变化一点儿关系也没有。

尽管如此，菲茨罗伊还是获得了在伦敦《泰晤士报》上发表第一个每日天气预报的荣耀。这将是他的告别演出。时代在快速变化，气象科学的迅速转变正反映了19世纪末所有科学学科是如何加速发展的，业余爱好者的时代已经走到了尽头。所以，是

---

1. 1859年10月26日，英国“皇家宪章号”在从澳大利亚前往利物浦的途中遭遇风暴，在安格尔西岛的西海岸失事，船上运载着在澳大利亚矿山发现大量金块并想带回英国的452名乘客，民间的宝藏猎人们对这些金块的搜寻至今仍在进行。
2. 其实就和现在在网络上可以买到的所谓“天气瓶”差不多。

菲茨罗伊的继任者弗朗西斯·高尔顿（Francis Galton，1822—1911年），一位贵格会信徒，创造了我们今天所承认的当代科学天气图。

·传递火炬·

高尔顿是查尔斯·达尔文的半个表弟[1]，是个神童。他精通数学，并笃信数字的力量。1861年，他第一个掌握了科里奥利效应对天气的影响。同年晚些时候，他发现某些天气系统旋转的方向与气旋的方向相反，而且这些系统内的气压高于周围的地区，他称之为反气旋。然后他意识到气旋和反气旋就像钟表内的齿轮那样，“使整个系统的运动相互关联和谐调”。高尔顿开始改进菲茨罗伊的天气图，用线条（等压线）把所有气压相同的点连接起来。这些线形成了一系列同心环，它是今天几乎所有媒体天气预报图都具有的特征。至少以当代人的眼光来看，图表中唯一缺少的东西，是代表天气锋面的图表，这一点有待改进。

高尔顿在他的假设中加入了相当大的统计权重，并在著名科学杂志《自然》上发表了他的研究结果。他的名声开始盖过菲茨罗伊，于是被对方认作死对头。健康每况愈下的菲茨罗伊陷入了严重的抑郁症，1865年，59岁的他和舅舅一样，割开了自己的

---

1. 达尔文的祖父是高尔顿的外祖父，不过达尔文的父亲是他祖父的第一任妻子所生，而高尔顿的母亲是他外祖父的第二任妻子所生。

喉咙。

10年后，1875年的愚人节，高尔顿的第一张天气图发表在《泰晤士报》上，上面显示了前一天不列颠群岛上的详细天气状况。

·数学与天气预报·

在弗朗西斯·高尔顿之后的四位科学家的帮助下，气象学步入了现代。他们是美国人克利夫兰·阿贝、挪威人威廉·皮叶克尼斯（Vilhelm Bjerknes）、英国人刘易斯·弗莱·理查森（Lewis Fry Richardson）和匈牙利人约翰·冯·诺依曼（John von Neumann）。

克利夫兰·阿贝1838年出生于纽约，比塞缪尔·莫尔斯（Samuel Morse）发出第一封电报（内容是“What hath God wrought”，意为“上帝创造了什么”）早了6年。阿贝童年时期的纽约和现在完全不一样。没有摩天大楼，没有地铁，也没有电灯，唯一可用的电是发电报的微弱电流。冬天冷，夏天短而凉爽。小冰期直到1850年才结束，当时克利夫兰12岁。在纽约的夜晚你可以看到银河，寒冷的早晨，在去学校的路上，阿贝会听到公鸡叫。那里是彻头彻尾的乡下。

阿贝实际上是个自学成才者。8岁时，母亲给了他一本《斯梅利自然史哲学》（*Smellie's Philosophy of Natural History*），也就是《不列颠百科全书》（*Encyclopedia Britannica*）的前身，他在书中发现了一个信息的宇宙。后来，血气方刚的他试图在南北战争中加入联邦军队，但由于近视而被拒绝。他去了哈佛大学，毕业后成为一名电报工程师，然后在圣彼得堡附近的普尔科沃天文台做天文学家，之后担任辛辛那提天文台的台长。正是在普尔科沃，他对气象学的热情爆发了，开始设计一个早期的预警系统。他设想，气象观测员可以按一定的距离分布，形成一个网格，然后通过电报和一个中央信息处理总部联系起来。史密森学会已经证明了这一计划的可行性。从 1847 年开始，它就发布来自美国各地天气观测者通过电报发来的观测结果，每天在该机构的大厅里展示一幅天气图。现在它成了一个旅游打卡点。

阿贝建立国家气象观测网的梦想终于在 1871 年实现了，当时他被任命为美国国家气象局首席气象学家。他从全国各地招募来 20 名志愿气象观察员，他们要在固定时间把风向、温度、降水和气压数据传输给国家气象局的工作团队，另一个小组将收集到的数据转换到天气图上。这是第一次以小时为间隔来追踪大型天气系统。

阿贝的数据汇编和预测，即他所说的"概率"，成为任何一个有电报的人都可以使用的政府服务。到 1900 年，美国还有 114 个运行中的自动观测站，其下拥有一大批观察员骨干。

在他职业生涯的巅峰，阿贝明白大气的行为与流体是一样的。他写道，气象学"本质上是流体动力学和热力学在大气中的应用"。这种洞察力被证明是至关重要的，但阐述他的愿景所需的数学知识超出了他的能力。这个关于"概率"的火炬被传递给了挪威科学家威廉·皮叶克尼斯。

· 云的微积分 ·

皮叶克尼斯是一个出生于科学世家的数学神童。15 岁时，他成为父亲卡尔·安东·皮叶克尼斯（Carl Anton Bjerknes）的实验室助理兼研究助理。卡尔发明了一种新的共振理论，该理论将流体的行为与电磁学联系了起来。卡尔和威廉绝对不是英国贵族式的自学成才的自然历史爱好者。卡尔是奥斯陆大学理论数学系的系主任，这对父子是现代职业科学家的先驱。

1888 年，皮叶克尼斯在克里斯蒂亚尼亚大学（后来更名为奥斯陆大学）获得数学和物理硕士学位。当他还在大学里的时候，他就开始勾勒深具原创性的科学见解，但在竞争日益激烈的专业科学领域，他的父亲对出版自己的著作产生了恐惧，更不用说威廉的著作了。痛苦的是，威廉意识到必须结束与父亲的合作，否则自己注定会默默无闻。他独自出发了。

威廉在巴黎与亨利·庞加莱（Henri Poincare）一起研究电磁学，然后在德国与著名物理学家海因里希·赫兹（Heinrich Hertz）合作。1895 年，他在斯德哥尔摩大学担任教授，开始挑战大气流体力学的计算问题。他此前已经结婚了，1897 年，他的儿子雅各布出生了，将成为这个科学世家的下一任继承人。与此同时，作为一种奥迪珀斯式的赎罪，他开始收集父亲关于流体力学的论文，并在 1903 年父亲去世前出版了一部两卷本的作品。

1904 年，他父亲卡尔去世的第二年，威廉发表了一篇关于如何用数学公式预测天气的论文。他设计了一个两步预测的理论基础：先诊断（是什么），后预测（将会是什么）。这让人想起一个世纪前，启蒙时代伟大的数学家之一——拉普拉斯侯爵皮埃尔·西蒙（Pierre-Simon，1749—1827 年）提出的伟大理论。

拉普拉斯猜想，科学和数学最终会融合成一个能够预测未来的系统。他在 19 世纪初发表的论文《概率分析理论》（*Theorie Analytique des Probabilités*）中提出：

> 如果一个智者能够知道某一刻所有使自然得以运作的力和所有构成自然的物件的位置，假如他也能够对这些数据进行分析，那宇宙里从最大的物体到最轻的原子之间的所有运动都会包含在一条简单的公式中。对于智者来说，没有事物会是不确定的，而未来只会像过去一般出现在他面前。[1]

在科学理性主义激动人心的时期，拉普拉斯表现出了他的狂妄自大。在上述段落中，他设想了一个神一般的智者如何在对现在无所不知的情况下计算未来。这代表了一种深刻的牛顿和笛卡尔式理想主义，在那里，优雅的公式与黄金比例完美地和谐并行。在皮叶克尼斯构思他的预测方程时，这一点也一定存在于他的思想深处。

为了实现他的预测，皮叶克尼斯设计了一个数学模型，其基本形式至今仍在使用。他的公式是一个非凡的成就，建立在七个独立的方程上。其中四个涉及每一个大气变量——温度、湿度、压力和

1. 这就是拉普拉斯妖的由来。

密度（连续性方程，状态方程和热力学第一、第二定律），而其他三个则是流体力学运动方程。有一个问题是，他无法收集到足够的关于天气初始状态的数据，没有高精确度的仪器，也没有足够多的远洋设备。这些方程非常复杂，无法用数值或分析方法求解。理论上，他可以预测未来的天气，但没有足够多的数学家来处理这些数据。

· 高压气团、低压气团和天气锋 ·

1917 年，当一战还在激烈进行之际，皮叶克尼斯在挪威的卑尔根博物馆建立了卑尔根地球物理研究所。在那里，他得到了儿子的协助，20 岁的雅各布凭借自身的努力已经成了一名杰出的物理学家。雅各布的朋友霍尔沃尔·索尔伯格（Halvor Solberg）和瑞典气象学家托尔·伯格隆（Tor Bergeron）也加入了他们的行列。不到一年，这个非凡的团队提出了“锋面”（fronts）理论，这个词是他们从“一战”前线借用过来的。然后他们继续对中纬度气旋（低压环流）的生成、成熟和衰减过程进行建模，并引入了符号——表示暖锋的红色半圆形和表示冷锋的蓝色三角形。我们今天仍然在天气预报地图上使用这些符号。

威廉·皮叶克尼斯对大气的理解是阿贝最初见解的自然延伸：从本质上说，大气是一种稀薄的流体。就像任何其他流体一样，它也容易被扰动——昼夜温差、冬夏温差，来自山脉的摩擦，陆地和海洋的影响，所有这些都会产生旋涡，就像在一杯咖啡里搅拌牛奶一样。弗朗西斯·高尔顿根据它们的相对大气压将这些旋涡分为高压气团和低压气团。在皮叶克尼斯时代大家已经知道，高压区（或气团）既可以是热的，也可以是冷的，就像低压气团一样。同样众所周知的事实是，暖气团通常是夏季在南部地区或在大陆上方形成的，而冷气团则是冬季在两极附近或冰雪覆盖的大陆上方形成的。

但不要去管温度的高低，它们的起源是完全不同的。皮叶克尼斯的团队发现，当空气有时间在一个区域积聚时，高压环流就会形成。这些盈余空气在它的高处变得又冷又重，冰冷的空气会向下和向外流动。低压环流则完全是另一种创造物，是由两个温度不同的高压环流碰撞产生的。当然，除了它们的压力分布和成因外，高压气团和低压气团还有一个非常重要的区别：它们的自旋。科里奥利效应导致低压气团逆时针旋转，而高压气团顺时针旋转。在南半球，情况则正好相反。皮叶克尼斯的团队第一次清楚地描绘出了这些环流的相互作用和演化。

一个很好的例子是北美低压环流的产生。在这里，当温暖的南部高压带与寒冷的北部高压带碰撞时，通常会形成低压气团。由于高压系统是顺时针旋转的，南方系统北缘的风与北方系统南缘的风吹向相反的方向，它们就像互相磨擦的齿轮。问题唯一的“解决办法”就是一个逆时针旋转的涡流。这是气旋的开始阶段，并会逐渐变成一个低压区。当空气被拉向它的中心时，科里奥利效应使它以与高压区域相反的方向旋转。观察两个高压和这个低压之间的相互作用，我们可以看到，低压气团就像两个高压气团之间的润滑剂，它把一个暖空气带拉进了冷气团的内部和上方。这样，当南方高压从西向东移动时，一个锋面系统就产生了。锋面仅仅是前缘，是一个冷气团和一个暖气团的边界。

因为高压气团和低压气团通常都是圆形的，所以锋面一般是弯曲的，就像你在气象图上看到的一样，呈半圆形。它们与军事战略地图的相似性，在皮叶克尼斯团队绘制第一张锋面系统地图的时候就没有漏掉。但在三维空间中发生的事情要比二维天气图揭示出来的多得多。垂直切开一个锋面，你会立刻注意到它在横切面上是楔形的。冷空气下沉，紧贴地面，所以当冷气团向前移动并遇到暖气团时，它会楔入暖气团，将暖气团向上推过冷锋。上升的空气携带着水蒸气通过露点，然后凝结，首先形成云，然后是雨。前进的暖锋也完全一样，只是方向相反——它向上推动冷空气并将其挤过锋面前方，在截切面上形成几乎相同的楔形，尽管我们能看到两者有所不同。低压环流位于这一运动的中心，负责调节冷暖气团之间的接触区。

如果将皮叶克尼斯关于战斗的比喻再扩展，冷锋可以被称作闪电战攻击，而暖锋可以被称作第五纵队[1]。冷锋的楔型更陡，移动速度也比暖锋快，这是它们来得更突然的两个理由。冷锋总是戏剧性的，在夏天形成雷暴，在冬天导致雨雪。暖锋就没这么有侵略性，它们更加缓慢渐进，而且路径也很容易理解。因为它们移动缓慢，而且有更长更细的楔形剖面，有时长达数百英里，所以人们更容易预测暖锋的到来。暖锋一路带来的云从高卷云开始，逐渐过渡到高层云，然后随着冷气团楔面的降低和变厚，又被乱层云所取代。通常会有雨雪伴随着锋面的通过，因为在这两种情况下——不管是前进的暖锋还是前进的冷锋，空气都会上升、冷却并产生绝热降水。

1. “第五纵队”一词起源于西班牙内战期间，现泛指隐藏在敌方内部的间谍。

美中不足的是，至少在气象预报的准确性和及时性上，皮叶克尼斯那些过于复杂、耗时的数学方程使实际上的气象计算几乎不可能实现。

有一名新选手即将出场，刘易斯·弗莱·理查森是英国贵格信徒博物科学家行列中的另一位。（同时也是贵格会信徒的英国科学家名单令人吃惊，包括物理学家罗杰·彭罗斯，他的父亲、伟大的遗传学家莱昂内尔·彭罗斯，我们前面提过的卢克·霍华德，世界著名物理学家阿瑟·斯坦利·爱丁顿，结晶学家凯瑟琳·朗斯代尔，斯蒂芬·霍金的合作者乔治·埃利斯等，以上只是其中的几位。）

理查森对皮叶克尼斯的理论很熟悉，1913 年，他成为英国气象局研究实验室的主任。作为一名贵格会教徒，他是一个积极的反对派，反对英国卷入“一战”，但 1916 年他自愿参加了救护队。（就在这一年，克利夫兰·阿贝与他心爱的《斯梅利自然史哲学》一起被安葬。）在战斗的间隙，理查森坐在救护队宿舍的一捆干草上，研究大气方程式。他采用了皮叶克尼斯的计算方法，并对其进行修正，用对规律的离散部分进行时间采样的测量方法，取代了之前精细分级的微积分类比，就像频闪灯将运动分解成一系列静止的画面一样。每一个“时刻”都是变化的近似值，但它们一起按顺序创造出了精确的模式。这几乎是数字化的了。

现在，他可以做一些从未有人尝试过的事情了：用数学方法预测天气。为了做到这一点，他需要获得一大片陆地上的大量气象信息，而事实证明，能用于实验的足够丰富的天气图只可能来自过去。类似“站在巨人肩膀上”，理查森回到了皮叶克尼斯的欧洲中部地区天气图上，时间是 1910 年 5 月 20 日早上 7 点。

理查森把大气图分成25个模块，每个模块的面积为125平方英里。这些模块被进一步细分为五个垂直的空气层。他把所有变量都代入，然后运算这些数字，如果方程正确，这些数字将预测出6小时后的下午1点的天气状况。然而它灾难性地出错了。根据预测，6小时后气压将达到30.9英寸，但实际上它“几乎保持稳定”。这次失败令人震惊，但他在1922年出版的《用数值方法预测天气》（*Weather Prediction by Numerical Process*）一书中继续发表了他的所有发现，包括这次失败的天气预报。

几十年后，他的实验被证明是正确的。显然，问题不在于他的数学方法，正如爱尔兰气象局的彼得·林奇（Peter Lynch）在2006年指出的那样，问题出在原始数据上。林奇重复了理查森的实验，将原始数据“初始化”，就像今天通常要做的处理一样，预测就变得完全准确了。多亏了林奇，将近一个世纪后，欧洲中部地区终于得到了1910年5月20日下午的准确预报。理查森被“科学早产”（scientific prematurity）折磨惨了，这是分形几何数学家贝努瓦·曼德尔布罗特（Benoit Mandelbrot）多年后创造的一个术语。

而理查森确实饱受折磨。1922年书出版后，他的理论被边缘化了几十年。他承认自己的预测失败，但这并没有影响到人们对他那套非同寻常的预测方程的兴趣。尽管他简化了皮叶克尼斯的数学，但他的定理仍然需要大量的计算，在前计算机时代，这是不可能的。“也许在不久的将来，计算机的发展速度可能会超过天气变化的速度。”他写道，“但那只是一个梦。”

然而，多亏了约翰·冯·诺依曼，他的梦想终于实现了，而且可能比他想象的还要快。

约翰·冯·诺依曼 1903 年出生于匈牙利的一个犹太贵族家庭，他是一个数字天才。8 岁时他就精通微积分，19 岁时发表了两篇重要的数学论文，23 岁时史无前例地成了柏林大学最年轻的教授。他的智力产出惊人，平均每月发表一篇重要的数学论文。但在欧洲日益黑暗的政治气候下，身为犹太人的他几乎没有未来，他清楚这一点。1931 年，他得到了普林斯顿大学的教授职位，当时正是犹太物理学家逃离欧洲的前夕，他欣然答应赴职。

到 20 世纪 30 年代中期，冯·诺伊曼以破解重大科学和数学谜题而闻名，并成为解决技术问题的能手。他挽救了第一次原子弹试验以避免其失败。“曼哈顿计划”是一项仓促开展的工作，著名的三位一体核试[1]的核弹中的钚只达到亚临界质量[2]，有成为哑弹的危险。冯·诺伊曼利用通过数学精确计算过的装弹方法，对称地使钚内爆，从而制造了成功的链式反应。

冯·诺依曼的敏捷思维似乎需要刺激的环境。在战后的几十年里，他在普林斯顿工作，经常一边大声播放德国行军音乐，一边研究他的理论。事实上，声音如此之大，以至于他的一个邻居艾伯特·爱因斯坦（Albert Einstein）抱怨说，这干扰了他的注意力。

在研究原子弹之前，冯·诺依曼对流体动力的湍流（液体中的随机涡流和紊流）以及能描述它的非线性方程很感兴趣，这些方程对最终用数学方法描述大气至关重要。冯·诺依曼意识到，需要某种电子计算设备来进行大量的计算，才能解这些方程。1946 年，在

1. 人类史上首次核试验的代号，于1945年7月16日在美国的新墨西哥州进行。
2. 当时钚−239的生产要使用回旋加速器，产量非常低。

普林斯顿大学，他策划建造了世界上第一台真正可编程的电子计算机——恩尼亚克（ENIAC，电子数字积分器与计算机）。1950年，在另一位天才数学家朱尔·查尼（Jule Charney）的帮助下，冯·诺伊曼利用恩尼亚克对第一个由计算机生成的天气预报进行了编程。他们的结果完全准确。查尼把结果寄给了理查森，当时他69岁，人在英国。对理查森来说，这一定是一个美妙的时刻。他的理论得到了证实，今天理查森的数值方法是天气预报的黄金标准。

在理查森1922年出版的《用数值方法预测天气》中，有一章专门讨论湍流，这是最难用数学方法建模的现象之一。他以一首滑稽诗承认了这种复杂性："大旋涡里有小旋涡，它们以速度为食；小旋涡里有小小旋涡，它们以黏度为食；如此继续。"如果说有文学意义上与曼德尔布罗特集相当的东西的话，那就是它了。曼德尔布罗特集是由著名的分形方程创造的自相似的世界，其中的模式是无限重复的。理查森凭直觉发现了即将到来的混沌科学（science of chaos），及其对天气预测提出的意义深远的挑战。

·蝴蝶效应·

那里的天气总是在搞事情，总是严格处理业务，总是想出新的设计在人们身上试用，看看效果如何。但它在春天的业务比其他任何季节都多。在春天，我已经在24小时内数出了136种不同的天气。

——马克·吐温谈新英格兰的天气

爱德华·洛伦茨（Edward Lorentz，1917—2008 年）一直是个天气爱好者，新英格兰地区多变的天气肯定会激发出像爱德华这样年轻的气象学家的灵感。他在康涅狄格州的西哈特福德长大，在父母的后院建立了一个小型气象站，和大约 50 年前卢克·霍华德的气象站没什么不同。它的主要部件是一个特殊的温度计，可以用很小的滑动记号笔自动记录每天的最高温和最低温。他每天要检查两次温度，并把数值记在笔记本上。他对数学很有热情，尽管这两个兴趣爱好看起来是不相关的。他可以测量冷暖的感觉，并将这些感觉转化为平均值和中位数，但仅此而已，它们没法成为优雅的数学方程的一部分。

他的头脑渴望逻辑上的挑战。在周末和平时的晚上，他会花几个小时钻研数学难题，有时还会寻求父亲的帮助。随着洛伦茨年龄的增长，他开始更倾向于数学。1938 年从达特茅斯学院毕业后，他又在哈佛大学获得了数学硕士学位。但接下来的“二战”打断了他的学业。

美国陆军航空队需要气象学家，拥有哈佛大学学位的洛伦茨完全够资格入选，且不说他还是一个狂热的气象爱好者。他得到了一份军事气象预报员的美差，一份让他远离战场的工作。但这份工作的赌注也是很高的。随着战争的深入，做出准确预测的压力越来越大。当时理查森的方程还未得到使用，所以准确的长期预测是不可能的。气象学仍然是一门建立在直觉基础上的近似科学，因为它还建立在阅读仪器或观察云层的基础上。

当洛伦茨在陆军航空队里对天气做事后预测时，他的气象同事们对理论比对应用更感兴趣。20 世纪 40 年代是一个学院派气象学家瞧不起凭直觉做预测的时代。他们更喜欢气象学更干净、更优雅的理论方面，从理论出发，潜在的不准确预测不会危及他们的声誉。然而，爱德华在战争中获得了很多经验，到战争结束时，他对天气的了解已经不比任何人少了。但他还有未完成的数学工作，他孩童时代记录的那些看似随机的每日最高和最低气温序列的数值背后，隐藏着某种东西。

战争结束 15 年后，洛伦茨在世界顶级研究机构之一的麻省理工学院任教，1962 年被任命为气象学教授。他成了麻省理工学院的一个典型，在同行中享有心无旁骛和与人疏远的名声。这一定是一项非凡的技能，想想看有那么多麻省理工的职员也有同样的特点。最重要的是，他看上去不像一个科学家——他有一种淳朴的、有点乡村的样子，一张饱经风霜的脸和凌厉的目光。

洛伦茨首先想到了用计算机模拟大气的流体力学。20 世纪 50 年代末，小型计算机尤其是那些占用空间小于一间屋子的计算机还很难买到，皇家打字机公司推出了皇家麦克比（Royal McBee），这是一种“小型计算机”，只有一张大书桌那么大。它有一个键盘可以输入程序和命令，还有一个打印机用于输出结果。它有点像过了几十年才出现的麦金塔[1]电脑，不过其售价约为 1.6 万美元，相当于当时一栋普通两居室平房的价格。

洛伦茨说服麻省理工学院给他买了一台。（其他教职工对这样一台小型计算机能否为科学做出有意义的贡献持怀疑态度，但都被他的新玩具迷住了。）他编写了程序来模拟全球的天气模式，在他的

---

1. 1984年由苹果公司首度推出，是今天苹果Mac系列电脑的初代产品。

皇家麦克比里有一个缩微的世界。他模拟了盛行风、高压和低压系统、温度，然后让整个系统自动运行。每隔一段时间，他会去查看一下发生了什么，把这个小小的理想化星球上不断变化的天气转换成图表上的波浪线。

有一天，在运行天气程序时，他决定跳过前面的步骤，从中间段开始这个过程。为了把机器设定在初始条件下，他输入了之前打印出来的数字，在自己出去喝杯咖啡的时候，让皇家麦克比再运行一次方程式。回来时，他知道出问题了。尽管他输入的数字与最初的序列相同，但新的输出曲线与原来的曲线是相悖的。嗯，应该说数字几乎是完全相同的，因为他把这个序列缩减了一个数学上无穷小的量，但它不应该产生这样的偏差。或者说，确实有可能这样吗？这是洛伦茨第一次直觉到，天气系统可以被初始条件中最小的变化完全改变。他重新检查了一下数学运算，然后去上班了。1972年，他革命性的论文发表了，其中描述了这一过程，论文题为《可预测性：一只蝴蝶在巴西扇动翅膀，会在得克萨斯州引发龙卷风吗？》（*Predictability: Does the Flap of a Butterfly's Wings in Brazil Set Off a Tornado in Texas?*）

这是一枚炸弹，在日益自信的计算机气象学领域爆炸了。早期的混沌科学家将蝴蝶效应称为“对初始条件的敏感依赖”，一个微小的初始扰动可以向上瀑布式串联整个系统，从而改变一切。一则流行的民间谚语对此做出了概括：

因为缺一颗钉，鞋丢了；

因为缺一只鞋，马丢了；

因为缺一匹马，骑士死了；

因为缺一个骑士，战败了；

因为战败，王国灭亡了！

这变成了大卫和歌利亚式[1]的冲突。洛伦茨的皇家麦克比挑战了世界上最大的计算机——位于英国雷丁的欧洲中期天气预报中心的克雷（Cray）超级计算机，该机器使用的是冯·诺依曼–理查森算法。洛伦茨“弹弓里的小石子”是他的简单模拟程序，它被证明成功模拟了地球大气层对微小初始变化的敏感性。

如果一台超级计算机的处理能力远远超过今天我们预测用的超级计算机，并与安装在地球表面、大气层和海洋深处每一平方英里处的气象传感器相连，它能准确地预测天气吗？根据拉普拉斯的全知智能理论，如果机器是完美的，那么它将与现实完全匹配，并在数千年内步调一致。但是根据洛伦茨甚至今天一些气象学家的理论，它在相对短的时间内就会完全跟不上现实。

乔治·梅森大学的气候学家杰格迪什·舒克拉（Jagadish Shukla）指出，今天的预测计算机可以相当准确地预测未来 5 天的天气。但它有一个极限，他坚持认为超出了这个极限，即便最强大的计算机也无能为力：“我们可能无法预测 15 天后的天气。无论你放置多少个传感器，在初始条件下都会有一些误差，而且我们使用的模型并不完美……这些限制不是技术性的，限制是系统的可

1. 来自《圣经》中的隐喻，牧童大卫凭借一把弹弓和巨人歌利亚进行力量悬殊的打斗，最终出现了以小胜大的结果。

预测性本身。”也许直到最后我们也无法对两周以外的天气做出预测。我们可以知道气候，我们甚至可以预测未来几十年甚至几百年的海洋平均温度，但我们不知道在巴西或最终在得克萨斯州会发生什么。

第九章

阿波罗的战车：四季

狼是最早察觉到季节变换的。多日以来，它们在北极的黑暗中一边游荡，一边发出嚎叫。这里是 1 月下旬的格赖斯峡湾，它位于加拿大埃尔斯米尔岛南岸，这里的镇民们被封锁在漆黑的北极之夜的冰冷魔爪下已有 3 个月了。狼的叫声对住在这里的每个人来说都是一个信号，太阳就要出来了。在南边冰冻的海洋和低矮的山丘上，一缕难以觉察的亮光开始出现。一周一周过去，这种深红色的、正午时分出现的光芒，每天如黎明般消退，它变得越来越亮，时间越来越长，直到开始与北极光争辉，头顶上的北极星则开始暗淡下来。

在 2 月第二周的某个中午，发生了一件惊人的事情。几个月来，太阳第一次从地平线上喷薄而出，纯净无瑕的阳光直射着皮肤，从窗外涌进来，眼睛几乎刺痛得看不见。这第一缕阳光，一天只持续几分钟，它是春天最纯净的形式——自然原生、晶莹剔透。格赖斯峡湾的冰白色住宅群就像长期淹没在海底、被珊瑚覆盖的建筑物一样，在阳光下闪耀着橙色的光，海湾周围那些低矮山丘的山顶也闪耀着同样的橙色火光。阿波罗烈焰四射的战车已经抵达，在他那金火盆里熊熊燃烧着的就是夏天本身。

当然，阿波罗并不像古人设想的那样绕着地球转。相反，是我们的星球在绕着它转。阿波罗的火盆恰好离我们 9300 万英里远。我们围绕太阳的远足也是我们的季节之旅，其原因来自一种不对称、一种怪癖。古希腊人知道这一点，他们把这个写进了神话。阿特柔斯和梯厄斯忒斯两兄弟为争夺迈锡尼王权而结仇，阿波罗的父亲宙斯偏爱阿特柔斯，便给了前者一只象征君权的金羊羔，但梯厄斯忒斯偷走了金羊羔，宙斯为了表达愤怒，改变了太阳运行的轨道。罗伯托·卡拉索（Roberto Calasso）在他的经典著作《卡德摩斯与和谐的婚姻》（*The Marriage of Cadmus and Harmony*）中写道，这简直就是“对地轴倾斜的暗示”。

· 迁徙的气候 ·

所以，是倾斜造就了春夏秋冬。当我们以 6.7 万英里 / 时的速度绕太阳飞行时，地球 23.26° 的倾角制造了四季。若非我们相对于轨道面（也被称为黄道面）倾斜，那么在轨道的不同位置，阳光照射地球的角度就不会有什么不同。那样就不会有午夜的太阳，不会有 3 个月长的极夜，不会有夏至、冬至和春分、秋分。进一步想想看，也不会有季风、飓风、台风或任何大的周期风，因为在地球上不会有太阳季节性青睐或嫌弃的部分，也就不存在它们之间的热量失衡。在一个完美的欧几里得宇宙中，我们太阳系中的所有行星都会以南北轴线与黄道面呈直角的姿势绕行。但它们并没有。自 46 亿年前太阳系诞生以来，大型小行星的随机撞击扭曲了除一颗行星之外的所有大行星的旋转轴。所以，我们不是太阳系中唯一容易歪的行星。火星的倾角为25.19°，土星为26.73°，海王星为28.32°。堪称疯狂的是金星，简直倒了个个儿，达到177.30°，天王星为97.77°。只有水星的旋转轴几乎是垂直的。就外星的季节而言，火星似乎是离我们最近的天体亲戚。它稀薄的大气层中可能有97%是二氧化碳，但它有和我们一样的季节，即便它的每个季节会持续5个月多一点，因为火星上的一年有687天。(奇怪的是，火星上一天的长度和地球的差不多。)

在地球上，季节的数量由纬度决定。热带只有两个季节：雨季和旱季。亚热带有三个季节：一个潮湿的季节、一个干燥的季节、一个凉爽或温和的季节，第三个有时会与另外两个季节重叠。典型的四季（实际上是六个），只有在冬冷夏热的区域才会经历。这些地区，即温带地区，从大约纬度35°（亚热带地区的平均界限）一直延伸到北半球的北极圈和南半球的南极圈。举例来说，洛杉矶、布宜诺斯艾利斯、开普敦、大阪和悉尼都位于亚热带，而伦敦、纽约、柏林、莫斯科、蒙特利尔和北京都位于温带。

温带的六个季节是冬、早春、春、夏、夏末和秋。我喜欢这些细致入微的划分，尤其是早春和夏末，因为它们捕捉到了季节变化的魔力。在北温带地区，早春标记了那个特殊的时间段。2月底，植物的汁液开始流动。3月初，北边的山坡上仍有几块积雪，但南边的草绿了。在北美，夏末是非常美妙的季节，9月初，帝王蝶开始迁徙，湖泊仍然温暖得可以游泳，而度假胜地已经空无人烟。正如海伦·亨特·杰克逊（Helen Hunt Jackson，1830—1885年）在诗篇《九月》（*September*）中写的一样：

> 带着所有这些可爱的馈赠
> 九月的日子到了，
> 有夏天最好的天气
> 和秋天最好的欢乐。

季节是迁徙的气候区。我不需要离开多伦多的家去体验北极或亚马孙的天气，它们自会来找我。在温带地区，我们“进口”气候，它以爬行般的速度到来，大约每小时行进 0.7 英里。春天以每天 17 英里的速度向北移动，这意味着英国伦敦第一批叶子长出来的时间比西班牙的巴塞罗那晚了 40 天，而加拿大曼尼托巴省的温尼伯比美国得克萨斯州的达拉斯晚了整整 65 天。夏季向南退却的速度与冬季前进的速度相同。春、夏、秋、冬概括了地球上古老的季节，每一个季节都是生命自身演化的一个时间缩影。

当我还是个孩子的时候，生命似乎是从 3 月 21 日开始的，尽管它经常和 2 月的任何一天一样冷，但早春的阳光毫无疑问有了一种烈度。查尔斯·狄更斯在《远大前程》中写道：“那是 3 月里的一天，阳光明媚，寒风凛冽；光照之处是夏天，冬天藏在阴影里。”到了 3 月 21 日，枫树的汁液开始流出。有时我的父母会在后院敲打我们的糖枫。记得在寒冷的早晨，桶装的树液上结了一层薄冰，我小心翼翼地把薄薄的冰层从桶里提起来，把边缘的冰一点点咬掉，让它们在舌头上融化。那份淡淡的甜美味异常。

· 春天 ·

四月是最残酷的月份，

荒地里滋生着丁香，

混杂着回忆和欲望，

用春雨撩拨着枯根。

——T. S. 艾略特《荒原》

在我成长的岁月中，通常每年 4 月初会经历一段干燥的天气。干旱期内，春天的第一批高压环流开始在温暖的大地上生长。草地火灾不可避免会发生，消防部门会来灭火。我还能看到长长的帆布软管像巨蟒一样，蜿蜒着穿过池塘边被烧焦的草地。

4 月的高空中，在对流层的上层，向北膨胀的热量会从对流层和平流层之间的边界向上推。温带上方的对流层通常有 11 英里高，到仲夏时高度会增加 1 英里。这就好像热带地区的大气基础设施扩张了它的版图，随着季节向北迁移到北半球，看起来任何长了翅膀的东西都会随之迁移。有时昆虫会搭上温暖的高压系统的便车，2012 年 4 月它们就是这么干的，数千只优红蛱蝶从得克萨斯州出发，乘着一条北上的锋涌入安大略省西南部。一个刮着风的下午，我的后院突然就被黑蝴蝶、红蝴蝶和白蝴蝶点缀得生机勃勃。

鸟类是众所周知的迁徙一族，经常要飞行数千英里，当它们吵吵嚷嚷地返回夏季繁殖地时，便标志着春季正式开始了。来自圣胡安-卡皮斯特拉诺的著名的燕子们在阿根廷过完冬，几乎总会在 3 月 21 日春分那天抵达南加州的小镇。经过 6000 英里的飞行后，仍然非常准时。

5 月，夏季高压环流开始主导北温带地区，而亚热带地区却没有。地球的倾斜将热带辐合带——一个由信风汇聚而成的多雨的全球低压带，推向了北方。到了 6 月，辐合带出现在加勒比海的雨季。在南半球，情况正好相反，热带辐合带会在 12 月朝着热带以南滑去。

到了晚春，温带地区新萌发的树叶蒸腾着水分，在夏日阵雨后的阳光下，雾气氤氲。热带雨林气候已经来临。6 月下旬的炎热天气也会给北边带来暴风雨，因为高温在潮湿的空气中会形成积雨云。在我的家乡，丁香花已经盛开，6 月底池塘边缘的浅滩上游满了蝌蚪，其中一些已经长出了腿，这是鱼类向两栖动物演化的再现。6 月，牡丹会突然盛开。正如迈克尔·坎宁安（Michael Cunningham）在《时时刻刻》（*The Hours*）中写道："能活在 6 月的一个早晨，是多么兴奋、多么让人震惊。"

· 永远的夏天 ·

> 夏日午后，夏日午后，对我来说，这一直是英语中最美丽的两个单词。
>
> ——亨利·詹姆斯[1]

---

1. 1843—1916年，出生于美国，一战爆发后加入英籍。小说家、散文家和批评家，被认为是文学现实主义和现代主义之间的重要过渡人物。

每个冬天我都在渴望它，每个春天我都在等待它。6 月就像一个可靠的奇迹一般如期降临。夏天一直是万能的灵丹妙药，一剂能解成年人烦恼的良药。对于这个时节，艾达·路易斯·赫克斯特布尔（Ada Louise Huxtable）[1] 写道："当一个人摆脱了与自己衣服之间的紧张关系，好天气就是精神挫伤的镇定精油。有那么几天，你会沉醉在世界一切正常的信念之中。"即使是贫穷得惨兮兮，在某种程度上也会被夏天缓解，因为那时"生活很容易"。尤其是对孩子们来说，温带地区的夏天是进入幻想王国的大门。正如刘易斯·卡罗尔（Lewis Carroll）在《孤独》（*Solitude*）中所写的：

> 我愿捐弃多年积攒的财富，
> 那是生命衰退的缓慢结果，
> 我愿再次成为一个小孩，
> 只为了一个明亮的夏日。

在四个主要的季节中，其他季节都不会像夏天那样受欢迎和被喜爱，那是我们重建与自然的感官契约的时候。在北半球，夏至开始于 6 月 21 日，距离 12 月的冬至还有 6 个月的时间，离乌鸦成群地起飞[2] 还有 1.86 亿英里。从夏至到冬至，地球会绕着太阳运行 5.84 亿英里总旅程的一半。

春末夏初，喷流沿着费雷尔环流的北缘向北移动，将较冷的

---

1. 1921—2013年，美国建筑评论家和建筑作家，1970年获得第一届普利策批评奖。
2. 意指秋天的到来。

极地空气推入温带的北端。随着夏天到来，我们的感官被重新唤醒——玫瑰的香味，草坪洒水器的嘶嘶声，海浪声和孩子们的笑声，树叶间的风声，割草机的嗡嗡声，令人陶醉、丝般柔滑的夏日微风吹在裸露的皮肤上。室内和室外的界线变得模糊，夏天的风景变成了一个巨大的共享客厅。用一对折叠椅和一张野餐桌，就能把后院变成餐厅，把当地的公园变成《仲夏夜之梦》的舞台。正如亨利·大卫·梭罗在《康科德和梅里马克河上的一周》（*A Week on the Concord and Merrimack Rivers*）中所写的：

> 夏天，我们住在室外，只有行动的冲动和感觉……我们意识到，在沙沙作响的树叶、一堆堆的谷子以及光溜溜的葡萄串后面，有一片全新生活的田野。没有人曾在那里生活过，甚至这个地球都是为比男人和女人更神秘、更高贵的居民而建造的。

· 热滞后与狗日子 ·

水的升温比陆地慢，但即使是陆地，也需要时间来吸收太阳的热量。这意味着，虽然一年中白昼最长的一天是 6 月 21 日，但也要等到 7 月最后一周，夏季的高温才会达到顶峰。（再往后一周，北美南部的五大湖达到最高温度 21℃。）在西欧，热滞后的时间较短，更接近一个月，所以最热的日子是在 7 月。在旧金山，由于寒冷的太平洋环流影响，夏季滞后几乎两个月，最热的天气出现在 8 月中旬到 9 月。

按时间顺序来讲，确切的仲夏是在 8 月 6 日，位于夏至和秋分的中间。在意大利，人们会在 9 天之后，也就是 8 月 15 日庆祝盛夏，和已有 2000 年历史的八月节（Ferragosto）一起庆祝。在北美，这段炎热、静止的天气被称为夏季的“狗日子”[1]（dog days）。你可能会认为这个短语源自狗在热浪中表现出来的行为——躺下来喘气。但实际上，它来自古希腊，指的是夏季从 7 月 3 日到 8 月 11 日的这 40 天，狗星（天狼星）会从南方的地平线上升起。这也是北半球降雨最少的时期，因为温带地区形成了稳定的高压环流。

在热浪中，特别是在位置锁定的喷流模式下，大气会形成逆温层，使空气变得更热。这与大气通常具有的随海拔升高而变冷的绝热趋势相反，反而会在 2000 ~ 3000 英尺的高空形成一层暖空气，并将相对较冷的空气困在下面，有时会持续数周才结束。我说“相对较冷”，是因为在热浪期间，大气层底部 1000 英尺内的温度确实会变得非常高。1995 年一个酷热难当的 7 月，伊利诺伊州芝加哥市遭遇了逆温层，引起了长达一周的热浪。当月 15 日，这座城市白天的最高气温达到了 37℃，急诊室里挤满了中暑和脱水的病人。但对一场热浪来讲，这算是温和的了。

世界上遭受持续时间最长的热浪袭击的是澳大利亚西部。从 1923 年 11 月开始，马布尔巴小镇的居民每天都看着温度计上升到 38℃，连着 5 个月，一直持续到 1924 年 4 月初。（那一定是个大热的圣诞节。）不过有记录以来最热的一天并非出现在澳大利亚，而是在科威特一个叫米特巴哈的小镇上。2016 年 7 月 21 日，那里白天

1. 相当于中国的三伏天，此处使用直译。

的最高气温达到了 54℃。

人们总是抱怨，“不是热的问题，而是湿度的问题”，尽管在 1979 年湿度被两位加拿大气象学家量化之前，并没有人准确地测量过这种主观体验。马斯顿（J. M. Masterton）和理查森（F. A. Richardson）将露点作为相对于温度的湿度指标，制作了一个比美国热量指数系统（American heat index system）更精确的量表，后者仅仅基于相对湿度。他们的湿度指数读数是一个单一的温度，单位为摄氏度或华氏度，它准确地反映了我们的身体是如何感知到热的。例如，如果温度是闷热的 30℃，露点在相对干燥的 15℃，那么湿热指数就接近实际温度 34℃。但如果露点上升到 25℃，那么湿热指数将达到惊人的 42℃ [1]。

通常，唯一能缓解白天酷热的，是夜晚带来的凉爽。正如亨利·沃兹沃斯·朗费罗 [2] 在他的笔记中所说，“噢！夏夜是多么美丽啊，它不是夜晚，而是一个没有阳光但也没有云的白天，露珠、阴影和清凉降落在大地上”。天气晴朗时，即使在最极端的热浪中，气温也会在日落时开始下降，并在夜间继续下降，直到黎明前达到最低点，通常会下降 7℃。但如果晚上有云，云层就会阻止热量发散，温度下降得更慢，或者根本不会下降。这就是为什么人们喜欢在湖边或海边度过他们的“狗日子”。

即使没有盛行风，在炎热的天气里，一大片水域上方也会形成自己的风循环。如果陆地比水热，当陆地上的上升气流从湖泊或海洋吸进冷

---

1. 理解这段话的关键是看露点高低，露点越高，意味着水越容易在高温下凝结，显然空气湿度也更高，如此便容易感到湿热。

2. Henry Wadsworth Longfellow，1807—1882年，美国19世纪重要的浪漫主义诗人。

空气时，就会产生朝着岸上吹的微风。相反，如果水温更高，在夜间就会产生朝着海里吹的微风，因为陆地上的冷空气会被吸入水面上的上升气流里。这就是人们会去湖泊、海洋和山地度假的原因之一。

干燥的空气会随着海拔升高而产生绝热冷却，所以你爬得较高的话，热量会立刻得到释放。山脉会放大任何盛行风，就像高楼大厦能把周围的空气汇聚起来，吹翻你的伞一样。此外，即便最宁静的夏夜，也可能被另一种微风所打扰——一股从山上吹下来的凉爽的风。这些下降风是山上冷空气聚集的结果，因为冷空气比暖空气重，所以会沿着斜坡向下流动，就像水从屋顶往下流一样。这个过程会让它获得动量，更不用说在下降时产生绝热加热了。在大山里，这些流动的空气可以变成强风，在山坡上还是凉爽的，到山谷里就温暖了。我想这就是露西·莫德·蒙哥马利[1]笔下的恋人在她的小说《蓝色城堡》(*The Blue Castle*)里相遇的地方："只是默默地在那里坐在他身边，独自在星辉斑斓的夏夜白月光中，有风从松树林中吹过，这就已经足够欣喜了。"

·秋天·

这是夏天的最后一朵玫瑰，

独自绽放着；

---

1. Lucy Maud Montgomery，1874—1942年，加拿大女作家，代表作有《绿山墙的安妮》。

她所有可爱的同伴
都消退和离开了。

——托马斯·摩尔

在北温带地区，初秋的凉爽日子令人振奋。这不仅仅是因为我们要带着新鞋子和彩色铅笔回学校了，而且因为我们是哺乳动物。秋天是我们的故乡，我们在上新世–第四纪冰川期的凉爽森林和稀树草原上演化成了人类。事实上，所有恒温动物——狗、猫、松鼠、花栗鼠、刺猬、豪猪、熊、鹿，几乎在同一时间经历了最后的演化冲刺。随着夜晚变得寒冷，它们长出新的毛皮大衣，为冬天做好准备。变化正在到来，每一个哺乳动物都能感觉到它就在血管里。

秋天有一种世纪末[1]的气氛，但也有一种紧迫性，为了深冻而进行的准备工作给了它一种目的性。冷空气加快了脚步，而对许多人来说，这是他们最喜欢的季节。诗人约翰·多恩（John Donne）在《秋天》（*The Autumnal*）中坚称："春天或夏天的美未曾有如此优雅 / 像我在一张秋天的脸上看到的那样。"珀西·比希·雪莱绝对是一位秋天的信徒，在《智慧之美赞美诗》（*Hymn to Intellectual Beauty*）中，他写道："有一种和谐，在秋天 / 它的天空有一种光泽 / 这是整个夏天都听不见也看不见的 / 仿佛它不可能存在 / 仿佛它不曾存在！"

随着9月温暖的丝绒般的天气持续，荒芜的海滩成了夏季最后一部戏剧结束后那令人辛酸的闲置舞台，它开始衰落了。阿瑟·西蒙斯（Arthur Symons）的诗《在迪埃普》（*At Dieppe*，写于

1. 原文为法文fin de siècle。

1895年，当时迪埃普还是一个度假之地，而不是二战时的登陆海滩）完美地捕捉到了被遗弃的度假胜地的情绪："灰绿色的一大片沙滩 / 无限荒凉 / 铅的海洋 / 石板的天空 / 已经是秋天了 / 唉！"马修·阿诺德（Matthew Arnold）的诗《拉格比教堂》（*Rugby Chapel*）中也弥漫着同样的情绪：

冷冷地、悲伤地落下来
秋天的夜晚。
这片地上
撒满湿湿的黄色漂浮物
枯叶和榆树，
消失在昏暗中，
寂静中，偶尔一声大喊
那是玩耍得太晚的几个男孩子！

这些诗中有一种沉思和冥想的距离感，但是秋天的大气机器可一点儿也不懒洋洋。当北半球的极地环流以温带中纬度费雷尔环流为代价扩大其寒冷的疆域时，喷流开始了它向南800英里的俯冲。到秋天中段时，它已经在自己夏季时的位置以南400英里的地方了，西北风带来了第一个寒夜。树叶开始打转，随着秋天逼近而颜色加深，直到多色的秋叶呈现出一种近乎幻觉的气氛。美国诗人埃德·多恩（Ed Dorn）在他的《歌曲集二：简短的计数》（*Songs Set Two: A Short Count*）一书中，提到了他有一次从纽约州北部穿过边境进入加拿大时看到的秋色："我们穿过边境 / 在麦角酸的

9月里[1]。”

我也感受到了体内哺乳动物的一面，为秋天而感到兴奋，尽管这还不及我对最喜欢的夏季的强烈怀旧。对于诗意的灵魂来说，秋天可以注入一种巨大的关于失乐园和辛酸的拟人谬化，一种对逝去的爱的哀悼。例如，阿尔弗雷德·丁尼生勋爵（Alfred Lord Tennyson）描写的到底是逝去的夏天还是失去的爱人，抑或两者兼有，我们并不清楚。

> 眼泪，无所事事的眼泪，我不知道它们意味着什么，
> 从某种神圣的绝望深处流出的眼泪，
> 从心里升起，聚集到眼睛，
> 看着快乐的秋田，
> 想着逝去的日子。

保罗·魏尔伦（Paul Verlaine）的诗《秋歌》（*Chanson d'Automne*）也充满了同样的倦怠感：“悠长的呜咽 / 来自小提琴 / 来自秋天 / 穿透我的心 / 带着单调的倦怠。”

还有一种更微妙的关于秋天的解读，它提到了10月底11月初那种略带阴森、梦游般的氛围，当短暂的白昼被阴沉的黄昏帝国所笼罩时的情景。雷·布拉德伯里（Ray Bradbury）在他的短篇小说《十月国度》（*The October Country*）中准确地唤起了这种情绪：

---

1. 这里指的是色彩绚丽得如同服用了麦角酸致幻剂之后看到的一般。

那个一年不如一年的国度。那个山是浓雾，河是薄雾，中午去得快，黄昏和傍晚不肯走，午夜一直驻留的国度。那个主要由酒窖、地下酒窖、煤仓、壁橱、阁楼和食品储藏室组成的国度。那个人都是秋天的人，思考的只有秋之思想的国度。那些人在夜里走过空旷的小路，听起来都像在下雨。

我认为，9 月在荒芜的海滩上散步，或在下雨的午后经过一个废弃的游乐园，是不会达到辛酸的高潮的，但再往后它就来了，那是在“印第安之夏[1]”——夏日的余波中，亦即 10 月下旬最后一波温暖的天气。在欧洲，它被称为圣路加之夏或圣马丁之夏，预示着 10 月 18 日至 11 月 11 日之间的一段晴朗温暖的天气。这是夏天最后的狂欢。

虽然正式来讲，北半球的秋季一直从 9 月 21 日持续到 12 月 21 日（南半球是 3 月 21 日至 6 月 21 日），但冬季的入侵却通常始于 10 月或 11 月一夜之间的降雪。冬天结束了季节性的演变循环。正是这个巨大的空白将时钟重置为零，就像它在 7 亿年前的史前时代所做的那样，当时冰河时代几乎毁灭了地球上的所有生命。

当我还小的时候，在晚秋的第一场雪中，我会想象成群的长毛猛犸象聚集在冰川脚下冰冷的幽暗中，身后是高达 1 英里的蓝绿色冰崖。巨大的冰山向南开辟着它们的道路，把下面的一切都碾为齑粉。

1. 类似中文语境中的秋老虎。

第十章

严寒之地：冬天与冰河时代

天太冷了，我差点就结婚了。

——雪莉·温特斯

圣诞节过完没几天，你一时冲动，接受了一个朋友的邀请，去他的小屋庆祝新年夜。当你在下午早些时候坐上巴士时，天气晴朗而寒冷。天气预报称，当晚会有 −10℃的较高气温，并伴有轻微的西南风，不过预计会有极地锋面来袭。1 小时后，当巴士到达高速公路的岔路口时，起风了，天开始下雪，可能是湖泊效应[1]阵雪。你意识到极地锋面的移动速度肯定比预测的要快。接下来 1 小时内，雪下得大起来，这辆车似乎是路上唯一的交通工具。你走到前面，问司机还有多久才能到你的换乘站。“15 分钟，”他说，然后补充道，“有天气预警。我希望你有比那件外套更暖和一点的衣服，这些车站

1. lake-effect，又叫大湖效应，指的是冷空气从大面积的水面获得水蒸气和能量，然后在迎风的湖岸以雪的形式形成降水，这在北美五大湖区较为常见。

每年这个时候会变得很冷。”你告诉他，自己不会等很长时间，因为换乘的巴士预计在你下车后不到半小时就会到达。

在换乘车站时，雪下得如此大，你几乎连前灯下方的位置都看不清。巴士离开后，此处出奇安静——大雪中的寂静。这个车站看起来像一个带有三面墙和屋顶的愉快的小木屋，里面没有乘客。你坐下来等车，天气真的很冷。你拿出手机，但没有服务信号。你开始后悔没穿一件更厚的外套，还好有围巾和手套。又过了 1 小时，你开始怀疑巴士是否会来，一直没有汽车经过。警察们把高速公路封了吗？夜幕降临了。又过了 1 小时，你决定走出去找个暖和的地方，沿着原路返回，岔路口附近不会没有加油站吧？

你从包里拿出一件毛衣和另一双袜子一起套上。沿路出发进入积雪之中，你警觉地注意到，雪已经覆盖到了脚踝，于是意识到自己根本没有为这场严寒做好准备——外套太轻薄了，手套也是薄薄的皮革，应该带一顶帽子的。还好穿了冬靴。你计算了一下从高速公路走回岔路口需要的时间，3 小时或者 4 小时。风吹在你脸上，冷得刺骨。随着极地锋面的到来，气温已经下降到 −15℃以下。加上风寒[1]，感觉更像是 −22℃。

你步伐沉重地在漫天飞雪中前行。有时不知道路在哪里，还有两次滑倒了。白昼暗下来，变成黑夜。手机上的电筒只够在密密的落雪中照亮一个圆锥，把它关了还看得更清楚一点。你试着看时间，但手抖得太厉害了。你已经进入体温过低的第一阶段。

1. 这里并非中文语境中风寒的意思，而指的是刮风让身体加速失去热量，因此体感温度比温度计指示的要低。

极冷比极热更致命。英国医学杂志《柳叶刀》（*Lancet*）分析了1985—2012 年 13 个北方和温带国家的死亡数据，发现有 540 万人死于体温过低。这些死亡中男性的比例更高，因为男性比女性更容易体温过低。但对两性来说，体温过低在生理上遵循着同样的过程。

在没有帽子的情况下，你的头部会流失掉 10% 的热量。雪已经堆积在了你的头发上，变成了一个滴水的冰头盔，水顺着你的脖子流下来。像你这样穿着不当地在户外停留一个半小时，你的核心体温就会降到 35℃，这就是为什么你会不由自主地剧烈发抖。你的肌肉正在冷却和收缩，导致腿都僵掉了，步履蹒跚。

你回想起几年前读过的一段文字，来自一本关于冥想的书，讲一个和尚需要在隆冬时节经受师父的考验，看他能否很好地控制自己的新陈代谢。冷得刺骨的夜晚里，师父在结冰的河面上凿了个洞，赤身裸体的徒弟以莲花坐的姿势坐在洞边。师父把毯子浸到水里，然后盖在徒弟肩上。在接下来的一个多小时里，徒弟必须用体温把它捂干。然后师父会再一次把床单浸在冰水里，整个过程不断重复，直到毯子被捂干三四次为止。

这段回想让你觉得更冷了。即使你把手夹在腋下，它们也会痛苦地抽搐。它们已经降到了 18℃。随着极地锋面的形成，外部温度继续下降。现在是 −20℃，考虑到风寒的因素，就是 −27℃。在 −28℃的时候，暴露在外的皮肤将在 10 分钟内冻住。你的鼻尖已经麻木，但更危险的事情正在发生。现在，在核心体温不到 35℃的情况下，每下降 1℃，你大脑的代谢率就会下降 4%。思维过程变得失去理性，并开始出现短暂的失忆。你非常冷，非常累。当你意识到自己是一个多么愚蠢的人时，你不知道自己已经走了多远。为什么不就待在这里呢，雪是可以隔热的。你太累了，无论如何都走不动了，再走回公共汽车站又太远了。而且，你几乎再也站立不住。

你在路边挖出一个雪洞躺下，用雪盖住了身体。此时你的核心体温是 32.2℃。尽管有了“雪地羽绒被”，但你还是每 30 分钟就下降 1℃。当核心体温降到 31℃时，颤抖就停止了。几分钟后，你有一种无法抑制地想要小便的冲动。你的肾脏正被溢出的液体所淹没，寒冷正从你的四肢被挤出去。这是你将能想起的倒数第二件事。核心体温降到 30℃时，你的心率变得不规则和放缓。你开始有了幻听，能听到城市里的声音，看到闪光。这些都伴随着一种越来越温暖的感觉。幸运的是，你失去了意识，也没有经历过反常的烧灼感，它通常会让那些核心体温低于 29℃的人无法控制自己。这就是为什么有时候会发现被冻僵的体温过低患者身上穿得很少或几乎没穿衣服，因为他们在一种奇怪的、致命的疯狂状态下把衣服撕了下来。

你是幸运的，在病房里恢复了知觉。两个坐在雪地摩托上的少年偶然中发现了你，你偶尔呼出的蒸汽被他们的车灯捕捉到了。那时，除了小小的呼气口，你已经完全被埋在了雪里。幸运的是，给你治疗的急诊医生知道该怎么做。她切开你的腹腔，往里面插入两根导管，一根用来注射温暖的生理盐水，另一根用来把冲洗完肠胃后的温暖盐水排出体外。逐渐地、非常缓慢地，她增加了温暖液体的流量，她知道，如果过快地提高你的体温，你会心脏骤停并死掉。

因此你活了下来。但是你去过一个非常寒冷的地方，一个大多数人都没有经历过的地方。你已经把绝对的寒冷带到了身体里，冬天的印记会留在你的鼻尖，你会因为冻伤而失去它，连同一节指尖。你经历了很少人真正了解的事情：我们存在于一种温暖的幻觉中。

无论生活在这个星球上的哪个地方，是在亚马孙冒着热气的赤道雨林里，还是在撒哈拉酷热难当的沙漠中，−20℃的刺骨低温离我们的距离从来不会超过头顶上方的2.6万英尺，越往上越冷，星际空间的平均温度是−270℃。在这个宇宙中，温暖是个例外。

·冬之寒冷·

看那窗玻璃上的霜花，那狂野、奇秒的勾勒和蚀刻！不用怀疑，这个狡猾的代理人曾经来过这里！哪里没有它？它是水晶的生命、雪花的建筑师、冰霜的火焰、阳光的灵魂。这清冽的冬季空气里充满了它。当走完了一整天的路，晚上回到家时，我感觉像一个莱顿瓶一样被充满了电；我的头发在宛若猫背的梳子下面噼啪作响，一种奇怪的、全新的光彩在我的全身扩散开来。

——约翰·巴勒斯

在寒冷的仲冬，
寒风呜咽，
大地坚硬如铁，
水像石头；
雪开始下，
雪叠着雪，
雪压着雪，

在寒冷的仲冬，

很久以前。

——克里斯蒂娜·罗塞蒂

十多年前，我访问过多巴哥，那是位于加勒比海的一个岛屿，离委内瑞拉海岸不远。在那里，我在一个名叫布科的沿海村庄结识了一位当地的船长，这位名叫大卫的渔民正驾驶着玻璃底船驶向礁石。他被我讲的关于加拿大的故事迷住了，似乎对关于冬天及其严酷寒冷的描述特别感兴趣。根据个人的经历，他讲述了一天晚上他在多巴哥一座高山顶上的经历。那里非常冷，他甚至能看到自己呼出来的气。所以那像加拿大的冬天吗？

我告诉他，看到呼气只是一个开始。“你知道冰箱里的冷藏室吗？”我说，“那才是冬天，就是1月份户外的情景。天太冷了，所有东西都冻得像岩石一般硬，包括土地、湖泊和光秃秃的树木。”我看得出来他对这番话印象深刻，尽管他的惊讶中有一种轻微的怀疑，毕竟，他是个通情达理的人。人们是如何在这样极端的气候下生存下来的？他们究竟为什么要在如此遥远的北方建造城市？

坐在多巴哥的海滩上，你永远猜不到我们正处于一个冰河时期的中期，但事实确实如此。如果不是的话，任何地方都不会下雪，即使是在北极。地球历史上的任何一个时期，如果两极中的一个被冰覆盖，就被认为是一个冰河时期，而眼下的这个冰期被称为上新世-第四纪冰期。现在，巨大的冰川覆盖了格陵兰岛、大部分北极岛屿和整个南极洲大陆。它们还潜伏在许多山峰的顶端，等待着发动突袭。实际上，一座巨大的高山冰川就大胆厚颜地坐落于赤道上，位于厄瓜多尔的钦博拉索山顶。

它将会原地待着，可能持续数千年，因为我们这个开始于不到400万年前的冰河时期，其特征是气候的冷暖交替。在较冷的时期，当大陆冰川扩张时，称为冰期，而在相对温暖的时期，当冰川收缩时，称为间冰期。目前，我们正在享受一个适度温暖的间冰期，尽管它远没有上一次间冰期那么温暖。上一次的桑加蒙间冰期在大约12万年前达到最温暖的阶段，那大约是我们智人开始从南非向北扩张的时候。

但如果我们起步于一个温暖的间冰期，那就要成长于一个主要的冰期——威斯康辛冰期，是冬天塑造了我们这个物种。我们多面且爱玩乐的头脑抓住了冰和雪的光滑潜力，并加以利用。早于轮子发明之前，雪橇在北欧就很常见了。在重荷之下放一块平板或两块滑板，就能更容易地拖过雪地。很可能克鲁马努人[1]就曾穿戴着类似滑雪板的工具去打猎，而在俄罗斯北部还发现了可以追溯到前6000年的木制滑雪板碎片。但可能比那还早的是，在北美东部，当地土著开发出了我最喜欢的冬季运动“雪蛇”，直到今天还有人在玩。

在2月最寒冷的一周，安大略省南部小镇布兰特福德将主办一个有7个民族参与的聚会：来自纽约上州的莫霍克人，来自安大略省的卡尤加人、塔斯卡罗拉人、奥农达加人和奥奈达人，来自密歇根州的塞内加人以及来自俄亥俄州的特拉华人。他们在那里参加一年一度的冬季雪蛇锦标赛。“蛇”是经过精密打磨和上漆的木制长矛，

1. 1868年，在法国克鲁马努地区的一些山洞里发现了5具骨架。经考古分析，他们生活在4万～1万年前，被称为克鲁马努人。

大约有 6 英尺长，蛇形头部镶嵌着精美的金属凹雕。选手用专业技能将长矛投掷到一个狭窄的、长达 1.5 英里的雪橇轨道上。谁的雪蛇投掷得最远，谁就是赢家。

速度是冬天的礼物。我还记得在 2 月的周末，我家这条街上的所有孩子都会去爬附近最高的山。如果他们没有雪橇或长雪橇，那么一块硬纸板也可以。我们还有上冻的池塘可以用于冰球比赛。我常常整个下午都在那里滑冰，直到脚都麻了。我正在延续一个传统，事实证明它已经有几千年的历史了，考古学家在斯堪的纳维亚和俄罗斯发现了 5000 年前的骨冰鞋。又过了 4500 年，刚好赶上小冰期，荷兰人发明了铁冰鞋，与我们今天用的冰鞋相似。

小冰期之前是中世纪的温暖时期，从 800—1450 年，持续了近 700 年。气候如此温和，以至于维京人在格陵兰岛建起了农场，在英格兰拥有了大片的葡萄园。生于 1343 年、卒于 1400 年的杰弗里·乔叟[1]（Geoffrey Chaucer）就是该时期最后一个世纪的产儿。他的祖父和父亲都是富有的酒商，所以负担得起杰弗里的教育费用和进入宫廷的入场券。随着小冰期的到来，格陵兰岛的农场和英国的葡萄园也随之结束了。小冰期从 1450 年到 1850 年，持续了 400 年。气候学家有一种时间机器，可以让他们看到当时的冬天是什么样子的。老彼得·勃鲁盖尔（Pieter Bruegel the Elder）1565 年的画作《雪中猎人》（*The Hunters in the Snow*）就是一扇可以进入那个时期的奇妙之窗。在荷兰一个阴沉的冬日里，两个猎人和一群狗在厚厚的积

---

1. 《坎特伯雷故事集》的作者，英国中世纪著名作家，开创了英国文学的现实主义传统。他在宫廷里做过侍从。

雪中艰难前行。在他们身后的远端，结冰的池塘上站满了滑冰者的小小身影。这种场景在今天的荷兰是不可能发生的。曾任宾夕法尼亚州立大学气象学系主任的汉斯·纽伯格（Hans Neuberger）分析了《雪中猎人》和大约 1.2 万幅来自欧洲和美国博物馆的其他画作，这些画作创作于 1400—1967 年。纽伯格通过测量画作户外部分云与黑暗的比例追踪了小冰期的发展，发现 1600—1649 年是小冰期的一个高峰，这个时间点几乎和蒙德极小期（1645—1710 年）完全吻合，后者最冷的时期从 1670 年延续到 1710 年，长达 40 年。这一漫长的寒冷期被认为是太阳活动减弱造成的，其特征是完全没有太阳黑子，因此有“最小”一说。蒙德这个命名则是为了纪念太阳天文学家安妮·拉塞尔·蒙德（Annie Russell Maunder，1868—1947 年）和她的丈夫沃尔特·蒙德（E. Walter Maunder，1851—1928 年），他们是最早把太阳活动和气候变化联系起来的人。在蒙德极小期的后 40 年里，泰晤士河冻结得足够牢固，以至于在那几十年冬季集市都定期在厚厚的冰层上举行。

到了小冰期末期，美国的气温仍然很低，足以确保 1816 年是“没有夏天的一年”。新英格兰地区在 6 月、7 月和 8 月都曾经历过大雪。同年，在佐治亚州的萨凡纳，独立日（7 月 4 日）的最高气温只有 8℃。（显然，同期印尼坦博拉火山的喷发对那一年发生的情况没有任何帮助。）这些冰河时期的最低气温纪录比不上阿拉斯加州费尔班克斯 1 月的平均日间最高气温（−18℃），也比不上 1947 年 2 月育空地区一个寒冷的日子，当时斯纳格的居民眼睁睁地看着当地的气温降到了 −63℃！但说到地球上最冷的地方——更新世冰川时代的地盘，却无处能与之匹敌。

· 南极洲 ·

雪的吱吱声会显示它的温度。

——天气谚语

南极洲是冬天的中心，那里的温度堪比火星表面，整片大陆被无情的寒风冲刷着。试图徒步到达南极的探险家是第一个与低于冰点的可怕的下降风做斗争的人，这种风在吹往海洋的过程中，随着陆地海拔的降低，会获得越来越快的速度，基本保持在40英里/时，有时会达到200英里/时的飓风强度。1912年，斯科特[1]前往南极的不幸之旅就被这些风吹得一败涂地。

自有记录以来，地球上测量到的最低温度是1983年7月23日南极洲的沃斯托克，当时水银温度计降到了−89.2℃。沃斯托克在2003年夏天经历过最温暖的天气，当时气温达到了“令人惬意”的−32℃。相比之下，“维京号”火星登陆车记录的温度最高为−17.2℃，最低为−107℃。因此，尽管沃斯托克漫长的冬夜无法与火星上的极度深寒相匹敌，但沃斯托克最温暖的天气可比火星上的夏天还要冷。这并不是说地球上的温度从来没有像火星上那么低过。

1. 罗伯特·斯科特（1868—1912年），英国海军军官、极地探险家，1912年1月他率队乘坐“特拉诺瓦号”进行南极探险，不幸在南极的暴风雪中丧生。

·雪球地球·

想象一下你再一次成为我们的时间旅行者，这次是访问6亿年前的地球。当时间的迷雾散去，你走出时间机器，进入极地景观的中央，这片雪原从脚下一直延伸到地平线。幸运的是，你带了一套南极探险服，因为尽管天空万里无云，外面的温度却是 −35℃。你刮了刮靴子下面被风吹硬的雪，露出冻结的海洋冰面。如果想钻穿那层冰，就必须钻到65英尺深，才能碰到咸水。但你没有时间做这个。即使隔着隔热层，你也开始感觉到寒冷。同样令人不安的是，太阳直射在头顶，这表明你是在热带，可能就站在赤道上。这怎么可能呢？欢迎来到雪球地球。

布莱恩·哈兰（W. Brian Harland，1917—2003年）是20世纪中叶剑桥大学的地质学家，专攻冰川地质学。他有百科全书式的记忆力，以坚韧、暴躁闻名，是一名坚持不懈的研究者。他也是贵格会信徒，贵格会科学家名单中的又一位人物。此人喜欢在野外研究地质学，挪威的斯匹茨卑尔根岛成了他现实世界中的地质实验室。

从1938年到1981年，他到斯匹次卑尔根岛和周围的斯瓦尔巴群岛进行了数十次实地考察，观察了“奔腾的冰川”、冰凿出来的峡湾、高耸的冰碛岩和冰融水沉积物。他还从冰川沉积物下面的基岩中勘探并采集了样本，在那里的沉积岩中，哈兰揭开了一个谜题。

斯匹次卑尔根岛主要是由泥盆纪时期热带浅海中沉积的地层组成的。但是在其西部和北部海岸，哈兰发现了更古老的岩石，是从前寒武纪的热带地区沉积下来的。在这些岩石中，他发现了冰碛岩，这是一种冰川的指示性沉积物。问题在于，这块岩石有6亿年的历史，比任何已知的冰川沉积物都古老得多。如果这些冰碛岩确实是在热带地区形成的，它们当时在那里做什么呢？

哈兰第一次受到了一个骇人听闻的想法的暗示：如果当时冰川一直延伸到热带地区，那么整个星球一定都被冻住了。也许曾经有过一段灾难性的全球冰河时期，它如此极端，乃至于最近的冰河时期看起来就跟春天的霜冻似的微不足道。但他需要更多的证据，所以在去斯匹次卑尔根的间隙，他开始在世界各地的地质收藏中进行搜寻。他在寻找6亿年前的岩石，尤其对坠石特别感兴趣。

当冰川刮过基岩时，会把石头碎片弄下来一起带走。如果冰川在陆地上融化，就会在其漂移中留下一堆圆形的石头，叫作冰碛岩。但是如果冰川延伸到水体，这些石头就会从漂浮的冰川里掉下去，落到湖底或海底，这些就是坠石。哈兰发现它们到处都是，在世界各地的6亿年前的岩石收藏中都存在。

他的直觉是对的，地球上曾经有过一次全球性的冰河时期。哈兰于1963年发表了他的发现，并做好了迎接自己在科学界名声大振的准备。可事与愿违，地质学同行们把他的理论当作笑话摒弃了。他们驳斥道，热带地区永远不会结冰，现在不会，6亿年前也不会。这些人坚持认为，哈兰所分析的岩石并不在坠石层形成时的热带地区，是大陆漂移使它们远离了最初的沉积地。哈兰的全球深度冻结理论似乎走到了绝境，他不得不等了20多年，才等到它的复活。

·不仅是多一次机会·

20 世纪 80 年代末，加州理工学院的约瑟夫·科什温克（Joseph Kirschvink）对哈兰的理论产生了浓厚的兴趣。作为世界上最杰出的地磁学专家，在证实或推翻哈兰的全球冰期假说方面，科什温克处在一个独特的位置上。他知道，当岩石形成时，它就永久地印上了地球磁场线的方向。热带地区形成的岩石有水平的磁场线，而来自北极的岩石有几乎垂直的磁场线。科什温克刚刚在他的实验室里建造了一个极其灵敏的磁场探测器，他决定对哈兰的理论进行终极验证。他做了最坏的打算，“许多精彩、漂亮的理论，都被一个小破事实给扼杀了”。

因此，就像之前的哈兰一样，科什温克从世界各地采集了 6 亿年前的坠石地层样本，然后在他的地磁探测器中对它们进行分析。事实使他震惊了，这些岩石有许多是在热带地区形成的，哈兰的设想现在建立在板上钉钉的证据之上了。科什温克被说服了，他创造了“雪球地球”这个词来描述这场灾难性的深度冻结，至少在他看来，如今这已经成了一个历史事实。后果严重的冰河时期在 6.5 亿年前几乎结束了地球上的所有生命，蓬勃发展了 10 多亿年的简单多细胞生物在这个为期 1500 万年的残酷冰川时期惨遭大量灭绝。当时世界上的海洋被一层冰覆盖着，在两极地区几乎有 1 英里厚，在赤道地区也有 65 英尺厚。在雪球地球的“热带”，异常温暖的一天里，气温可能达到“闷热”的 −30℃。

如果在这段时期有一个拥有天文望远镜和太空探索计划的火星文明，他们才不会费时费力地发射探测器去寻找地球上的生命。我们的星球在他们的望远镜中将呈现为一个白色的耀眼小球，是一个贫瘠的、不友好的沙漠。自从我们假设的这个火星文明存在以来，这个小球就一直被封锁在冰层里，没有人能猜到冰下还有生命正前途未卜。

· 从头开始 ·

但科学是一个充满怀疑的，通常有点保守的领域。正如马克斯·普朗克（Max Planck）曾尖刻讽刺道，“科学一次只推进一个葬礼”。科什温克几乎没有找到支持他复活哈兰理论的盟友，他的批评者搬出了地表反照率效应，这一效应控制着地球的反射率及其去除或获取热量的能力，用两个推论驳斥了哈兰的假设。一是，冰川是不可能到达赤道的，有数学可以证明这一点。二是，如果冰川设法蔓延到了热带地区，所有的海洋都冻结了，那么地表反照率效应意味着没有办法摆脱深度冻结，它将永远持续。

科什温克不愿意承认失败。是的，季节性温度和地表反照率效应的平衡似乎排除了冰川从极地向南或向北延伸到超过纬度 40°（纽约或塔斯马尼亚）之外的可能性。当然，一开始，他无法从这些数字中找出任何变通性。但后来，他的好运来了。

一位名叫米哈伊尔·布迪科（Mikhail Budyko）的苏联气候学家一直在研究核冬天[1]的影响。几十年前的 20 世纪 60 年代，布迪科

1. 核冬天假说是以卡尔·萨根为首的一批科学家提出的关于全球气候变化的理论，该理论认为大量核武器的使用会让大量烟尘进入大气层，从而吸收太阳辐射，使其无法到达地面，导致地球上出现非常寒冷的天气。

发现了一个可怕的公式：当太阳投射到地球上的一半热量被大型冰川的地表反照率效应反射出去之后，就会出现一个气候临界点。他从数学上证明，在特定的气候条件下，冰川可以到达北纬32°或南纬32°（北半球是得克萨斯州的休斯敦，南半球则是智利的圣地亚哥）。在这一纬度上是没有回头路的，一旦大陆冰川越过这条线，失控的冰反照率反馈将导致灾难性的热量损失，其结果将是行星的冻结。对科什温克来说，布迪科成了哈兰理论的"白马骑士"[1]。科什温克联系了他，几周之内，布迪科的计算结果就来到了他手中。数学是严密的。

科什温克欣喜若狂，第一个推论已经被推翻了。不幸的是，这留下了一个更大的问题：地球究竟是如何摆脱不可逆转的深度冻结的？生命是如何存活下来的？科什温克与这个问题搏斗了好几个月，一定存在某种外力，某种他没有想到的气候变化的载体。像造成恐龙灭绝这样的小行星撞击是有可能的，但是撞击产生的尘和灰会进一步冷却大气。也没有证据表明那时候的太阳活动更加活跃，如果说有什么不同的话，那就是太阳比今天还略暗一点。

答案只能是火山，一系列规模空前的火山爆发。火山平均每年向大气中排放100亿吨二氧化碳。如果几座超级火山同时喷发，二氧化碳的含量将会增加1000倍。对今天的我们来说，幸运的是，雨水冲刷掉了空气中由火山喷发出来的二氧化碳。但由于当时没有下雨，地球上所有的水都是冰冻的，二氧化碳不会被"清洗掉"（空间站上的二氧化碳去除过程就是这么叫的）。科什温克对二氧化碳和温

1. 通常指将公司从恶意收购中挽救出来的友好公司。

室效应的比例进行了快速计算，终于完全准确地认识到雪球地球是如何突然地走向了灾难性的终结。

如今我们已经不需要被教导二氧化碳是多么强大的温室气体了。即使在目前不到大气总量 1% 的水平上，我们依然能感受到它的变暖效应。科什温克的计算显示，在 1000 万年之后，二氧化碳的含量已经上升到雪球地球大气层的 10%。不管这星球有多冷，如此高水平的二氧化碳，其温室效应是不可抗的，这就是雪球融化的原因。从雪球到暖房的转变非常突然，有证据表明，在不到几百年的时间里，地球的平均温度从 −40℃ 上升到了 23℃。现在，科什温克所需要的只是大融化的证据，那是在 1990 年。

· 最后的障碍 ·

1992 年，哈佛大学地质学家保罗·霍夫曼（Paul Hoffman）遇到了科什温克，立即信服了这套理论。霍夫曼说他知道寻找证据的最佳地点——纳米比亚。他给一位老朋友，名叫丹尼尔·施拉格（Daniel Shrag）的地球化学家打电话，说服他和自己一起去已有 6 亿年历史的纳米比亚碳酸钙悬崖探险。

地质学家们从来不知道这些地质构造是如何形成的，但是现在，有了雪球地球融化的假说后，霍夫曼和施拉格有了一个好主意。他们在 6 亿年前的地层上精确地找到了这层坠石，很快在它上面发现了大量的碳酸钙沉积物。施拉格对这些沉积物进行的化学分析毫无疑问地表明，它们是由碳酸作用于岩石表面而溶出的钙形成的。

这证明了雪球地球大气层中大量的二氧化碳与 1500 万年来的第一场雨结合在了一起，并转化为碳酸。然后酸雨中的碳与溶解岩石中的钙结合，形成了碳酸钙。地球上确实曾发生过一场大融化。

这是怎样的一场融化啊。霍夫曼对其转变之快感到惊奇不已，坠石层与碳酸钙层之间并没有渐变。热浪一定到达得非常快，快得让地球的气候来了个天翻地覆，大陆冰川在几十年内就化掉了。一些科学家认为，巨型飓风剧烈搅动着炎热的海洋，掀起了高达 330 英尺的风暴浪。这场由"所有温室效应的老祖宗"引起的暴雨可能没有中断地持续了一个世纪，这个场景是拼图的最后一块。

1998 年，霍夫曼和施拉格在世界上的各个主要大学进行了巡回演讲，阐述他们关于雪球地球的理论。一切都很顺利，直到他们撞上了另一堵似乎无法通过的砖墙。这次，批评者是生物学家，他们说，生命不可能在如此大的一场灾难中幸存下来。光合作用需要阳光，可阳光如何穿透 65 英尺厚的冰层？那时，生命只存在于海洋中，如果没有开阔的水域，它们就无法存活。雪球地球的观点又被踢到了路边。

但还有一位白衣骑士救驾，一位不仅能跳出框框想问题，而且还跳出了地球想问题的科学家。克里斯·麦凯（Chris McKay）是为美国国家航天航空局太空科学部工作的行星外太空生物学家。他的专业范畴就是研究生命如何在恶劣的环境，比如在其他星球上已发现的极端地带中生存的。当他听说生物学界反对雪球地球理论的意见时，就已经知道该如何解答了。他去过地球上一个条件与之相同的地方——南极洲。

美国国家航天航空局一直在研究南极洲麦克默多湾附近的干

谷，因为这些干谷的地形类似于火星上的，是一片寒冷、无雪、多岩石的沙漠。其中两个山谷中有数百万年历史的湖泊，在那里，16英尺厚的冰层下有水。如果生命能在那片冰层下存活下来，那它很可能在更厚的雪球地球的冰层下存活下来。

潜水员们从20世纪70年代初开始探索这两个南极洲湖泊的冰冷水域，并发现了与雪球地球形成之前同样古老的蓝藻。这样的例子有很多。此外，他们还发现了像床单一样大的海藻垫。另一个令人惊讶的是穿透厚冰层的光量。极地冰专家麦凯知道，当冰在极冷的条件下缓慢形成时，比普通的海冰要透明得多。所以他并不怀疑会有足够的阳光穿透雪球地球赤道处的冰，来维持生命的光合作用。哈兰的理论终于通过了最后的考验，雪球地球最终跻身于官方地质记录。

生命几乎没有受到最温暖的接待，但它幸存了下来。生活在深海热液喷口附近和热泉里的细菌、藻类和厌氧生物继续存在了数百万年，直到等来大解冻，寒冬的禁锢被打破。随后的宇宙之春见证了生命的复兴，这将会改变地球的面貌。

当这样一个违背直觉的理论得到官方认可后，后来的科学家们开始寻找其他更古老的冰河时期。他们找到了。在地球40亿年的历史中，冰河时期至少出现过6次，也许是7次。哈兰、科什温克和霍夫曼的雪球地球现在有了“马雷诺安冰期”的官方名称。（我不知道为什么它最终没有被称为霍夫曼尼安[1]冰期。）在此之前是司图特安冰期，持续时间要长得多（7.2亿～6.6亿年前），尽管它不像马

1. 冰期的英文命名都是在地名或人名之后加上ian或oan的后缀，这一段中的马雷诺安、司图特安、休伦尼安都是为了配合霍夫曼尼安的名字，故意加了安。在正式的译法中，它们直接被叫作马雷诺冰期、司图特冰期、休伦冰期。

雷诺安冰期或更早的休伦尼安冰期那样具有全球性。后者在 23 亿年前占据了地球，当时正是氧气第一次进入大气层之后。

其中一些冰期的成因尚不清楚。我们对目前正处于它中段的上新世–第四纪冰期了解得更多，20 万年前这个冰期几乎把我们从这个星球上抹去。

第十一章

气候改变过去与现在：北极始新世

· 北极始新世 ·

冰河时期并非典型。在地球存在的45亿年里，只有5.17亿年是在冰河时期度过的，差不多1/10。地球的默认气候是亚热带。正常情况下，棕榈树在北极和在赤道一样容易生长。直到260万年前，当现在这个冰期开始之前，我们已经度过了相当长一段时间的炎热天气，长达2.57亿年。事实上，在那个所谓始新世最适宜期的漫长夏季的鼎盛时期（大约于4500万年前达到顶峰），地球是特别温暖的。二氧化碳和甲烷的含量于始新世最适宜期开初之际急剧上升，然后数百万年里稳定在了这个水平。南极洲被亚热带雨林环绕，而棕榈树生长在阿拉斯加。与此同时，加拿大的高北极地区是大型水杉和矮棕榈森林的家园，这里居住着一大群不同寻常的动物。貘、巨蚺、犀牛、侏儒河马、巨型陆龟、8英尺长的巨蜥、钝吻鳄和6英尺长的不能飞的冠恐鸟，以上动物的化石都在加拿大北极群岛的埃尔斯米尔岛上被发现过。

由于它们北纬纬度（极地陆地离它们现在的位置不到 5°）的原因，北极的森林每年要经历几个月的极昼和几个月的极夜。但即使在漫长的黑夜里，气温也从未降到冰点以下。一些演化生物学家认为，这可能是一些夜间活动的哺乳动物首次演化的发生之地，它们会在温暖的极地夜晚中觅食。在埃尔斯米尔也发现了飞行狐猴的化石，也许最早的蝙蝠也是在类似的境况下长出翅膀的。

所以当第一场雪降临时，它一定是遽然到来唤醒一切的。事实上，我们有理由相信，从无尽的全球之夏到当今冰河时期的转变是相当突兀的。埃尔斯米尔岛森林中的化石虽然已经有数百万年的历史，但它们甚至还没有真正变成化石。在这里找到的木乃伊化的木头很容易烧起来，而古老森林地面上的落叶仍然柔软有弹性，就好像整个森林是被原地冻干的一样。

·第一个冬天·

在始新世以及随后的中新世和上新世，随着不可阻挡的地下岩浆涡流将大部分构造板块向北方推去，大陆继续漂移。而南极洲是一个任性的板块，它朝着相反的方向向南极漂移。大约 4000 万年前，也就是始新世最适宜期之后的 500 万年，澳洲与南极洲分离，两大洲之间形成了凉爽的洋流。在冬季，南极高地上第一次飘起了雪花，尽管该大陆的其他地区仍然是亚热带气候。然后，在大约 2300 万年前的中新世时期，把南美洲和南极洲分开的狭长地峡被德雷克海峡切断。现在南极洲被完全孤立在一个越来越冷的南部大洋里了。在南极山峰上形成的冰川开始扩散，摧毁了挡在前面的南极森林，直到1500万年前，冰川开始畅通无阻地覆盖了整个大陆。

世界上的其他地方仍然享受着中新世时期的光辉，几乎和始新世一样温暖，但这就像在一幢房子里，有人将一个房间的空调开到最大，不分昼夜地吹。全球气候被什么条件触发而进入冰河时期只是时间问题。果然，这一系列触发条件发生在260万年前，导致气候变冷过快，以至于北极上新世时期的亚热带森林无法适应。一些证据表明，随着两个冰期中的第一个——现在称为前伊利诺冰期——在北半球形成冰盖，并开启上新世-第四纪冰期，一场从亚热带到冰河时期的灾难性转变也迅速发生。由于水被锁在了广袤的冰原中，全球气温骤跌，海平面下降。

在上新世-第四纪冰期开始时，原始人类刚刚在非洲站稳脚跟，拥有两个独立的原始人类谱系：南方古猿非洲种（*Australopithecus africanus*）和能人（*Homo habilis*）。也许正是后者最终走向了智人。幸运的是，非洲幸免于上新世-第四纪冰期更为严酷的气候的影响，对于我们人类的关键孕育期来说，世界气候变糟的过程推迟了，至少到19.1万年前的伊利诺冰期才开始。

· 瓶中信 ·

考虑到目前地球上有近70亿人，似乎很难相信我们曾经濒临灭绝。然而，就在第一个解剖学意义上的现代人——智人出现在非洲之后不久，气候发生了大恶化。养育了我们祖先的温暖间冰期的温度降低了很多，食物变得短缺。养育人类这个物种的摇篮正在将我们掀翻。这个骤冷期——伊利诺冰期（根据当时海底沉积物的沉积，气候学家称之为氧同位素第 6 期）冰川的全面推进，始于约 19.5 万年前，持续了约 7.2 万年，期间有几次短暂的间冰期。

据亚利桑那州立大学的古人类学家柯蒂斯 · W. 马里恩（Curtis W. Marean）教授说，当时中非几乎变得不适合居住，我们远古祖先唯一的避难所是南非的海岸。海平面下降了 330 多英尺，但在这里的海岸边，丰富的海洋生物和可食用的岸边植物缓和了严酷、寒冷的千年。即使如此，也是艰难前行。在一个特别严峻的时期，当冰川发展到最大范围时，马里恩推断人类的数量从一万多下降到了仅仅几百。这个人口瓶颈在我们的基因中留下了泄露实情的遗传印记。遗传学家在 20 世纪 90 年代初发现了它，它就像一个漂流在时间的细胞海洋上的瓶中信，一个从过去的我们到现在的我们的故事，它在 DNA 代码中留下了一段近乎灭绝的悲惨叙事。

当时仅有的其他高级原始人类是尼安德特人。而古人类学家的共识似乎是，尼安德特人可能没有幸存下来。当然，有考古学证据表明尼安德特人有了火、衣服和文化，但他们的生理机能不如智人那么有效。如果尼安德特人失败了，那么伟大的原始人类演化实验也可能失败。今天的世界可能没有城市，没有文明，没有“我们”。这将是一个猛犸象仍在美国明尼苏达州和挪威的年轻桦树林里觅食，有袋类狼仍在澳大利亚内陆徘徊，渡渡鸟趾高气昂地穿过毛里求斯岛上的灌木丛的世界，它们不用担心灭绝。

伊利诺冰期大约在 13 万年前结束于现在被称为桑加蒙期的间

冰期，然后智人们的竞赛游戏开始了。早些时候，在伊利诺冰期的严冬，智人获得了亲社会合作和抛射武器的关键特征，这些是我们在黑暗时期生存的基本技能。所以当气候变暖，巨型动物回到中非平原时，我们已经做好了准备。桑加蒙期的夏天和秋天持续了大约5万年，从12.5万年前到7.5万年前，我们很好地利用了它，种群迅速向北扩张，占据了整个非洲大陆。大约7万年前，我们冲出了北非，当时正值史上最寒冷的冰期之一——威斯康辛冰期开始，但这并没有减缓我们在全球的扩张。

大约2.6万年前，当威斯康辛冰期进入最严峻的时期，也就是末次冰盛期，我们这个不安分的游牧物种已经扩散到了地球的各个遥远角落——从北欧到整个亚洲到澳大利亚，以及北美和南美。我们对世界的殖民发生在自4.6亿年前的安第斯-撒哈拉冰河时期以来最严重的冰期里。在寒冷、黑暗的威斯康辛冰河时期的千年里，我们发展出了复杂的语言、文化和宗教。拉斯科洞穴岩画完成于17300年前，正值末次冰盛期的高峰。在石灰岩壁上闪烁火把的渲染下，这些冰川时代哺乳动物的精美画作成了一个失落时代的快照，当时欧洲地区要么被北极苔原覆盖，要么被冰川掩埋。两英里高的大陆冰川的峭壁就坐落在今天英格兰的伦敦北边，在拉斯科以北仅仅435英里，而当时世界的海平面比现在低330英尺。

然而，不到7000年后，威斯康辛冰期令人惊讶地突然结束了，我们遍布全球的祖先们不得不忍受一系列灾难性的气候变化。格陵兰冰芯揭示了威斯康辛冰期末期是一个气候极不稳定的时期，全球平均气温在温带条件的水平和冰河时期的水平之间发生了几次翻转。

当全球性的融化真正发生，也就是大约 1.5 万年前，格陵兰岛的平均气温在 50 年或者更短的时间里上升了 16℃。而大约在 1.2 万年前威斯康辛冰期的尽头，格陵兰岛的平均气温在 10 年内飙升了 15℃。由此重新设定的全球温度，即新的“正常”温度大致要高出 6℃，气候学家现在把这种现象称为“气候突变”。想象一下，如果这一切发生在今天，那么那些地势较低的国家没有哪一个能足够快地修起堤坝和海堤，来阻挡每年上升 3 英尺以上的海平面。

海平面达到最高时，威斯康辛冰川大约在 11000 年前最终退到了它们如今的位置，人类在除南极洲以外的所有主要大陆上繁衍生息着。我们在威斯康辛冰期漫长而黑暗的数千年里一直培育的文化和技术终于开花结果，形成了伟大的文明。这个全球的春天属于当前这个时代——全新世间冰期。

在这 11000 年间，从大陆冰川的撤退到现在，人类快速地发展起来：第一个基于农业的城邦兴起于 6500 年前，马的驯化和最早的书面语言出现于 6000 年前，5400 年前发明了轮子，3200 年前开始炼铁，2400 年前欧几里得发现了现代数学的基础——几何学。随着科学应用于技术，发明创造的步伐加快了，而今天，人类正身处一个非凡命运的边缘。也许卡尔·萨根（Carl Sagan）说得对，“我们是宇宙用来认识自身的一种方式”。当然，我们开始逐步了解气候，特别是在解码气候变化的神秘引擎方面正取得巨大的进展。多亏了米卢廷·米兰科维奇（Milutin Milankovic），我们甚至开始了解驱动冰河时期这个现象本身的循环周期。

·米兰科维奇循环·

米卢廷·米兰科维奇（1879—1958年）在奥匈帝国东部边境的达尔及村长大，那里位于多瑙河沿岸。他是七个兄弟姐妹中的老大，父亲去世时他只有八岁。他的母亲还有其他六个七岁以下的孩子要照顾，于是将米兰科维奇的祖母和叔叔请来帮助这个年轻的家庭，并继续对米兰科维奇进行从他父亲那儿开始的家庭式教育。他们家的一些亲戚和朋友是杰出的发明家、哲学家和诗人，也辅导过米兰科维奇。这是一种惊人高效的教育方式，当17岁那年进入维也纳理工大学就读时，米兰科维奇已经做好了充分的准备。

在维也纳令人震惊的19世纪末，许多天才在同一时代生活却没有交集，米兰科维奇也是其中之一。他以第一名的成绩从土木工程专业毕业，获得博士学位后，开始在维也纳的一家工程公司工作。在业余时间里，他申请了一系列成功的专利，很快变得富有起来。到1912年，33岁的他已经能够专心沉迷于自己的各种个人兴趣，其中之一是研究冰河时期的起源。

1914年6月，“一战”刚刚爆发，他和克里斯蒂娜·托波佐维奇（Kristina Topuzovich）结婚了，他们决定去他的家乡达尔及度蜜月。碰巧的是，此地正好在塞尔维亚民族主义者争夺的地盘上，出生在那里的米兰科维奇被奥匈帝国的军队逮捕了，并投入监狱。他在日记中写道：“沉重的铁门在我身后关上了……我坐在床上，环顾四周，开始适应新的社会环境。”幸运的是，士兵们让他保留了公文包，他在匆忙之际抓起自己的理论论文和一些白纸塞了进去。“我看了看我的作品，拿起我忠诚的钢笔，开始写和计算……午夜过后，我看了看周围，需要一点时间才能明白自己身在何处。在我看来，这个小房间就像我在宇宙航行中的一晚住处。”

米兰科维奇的妻子向他们在维也纳的高层社会关系求助，希望将他转移到布达佩斯的一所军事监狱，那里的监禁更为宽松一些，是一种有日间特权的软禁。在战争的僵持阶段，他一直在布达佩斯的中央气象研究所研究他的气候理论，正是在那里，他开始调查冰河时期的宇宙成因。战争结束后，他回到贝尔格莱德与家人团聚，开始研究他的成名理论——地球气候学历史的数学描述，1924 年以《地质的历史气候》（*Climate of the Geological Past*）为名发表。这一论文现在被称为“米兰科维奇循环”（Milankovitch cycle），其复杂的核心是三个变量的相互作用，它们每 10 万年重合一次，形成一个冰河时期。

第一个变量是地球的轴向倾斜，它不是固定的，在每 41000 年的一段时间里有一个 2.4° 的逐渐变化（偏离垂直方向 22.1° ~ 24.5°），造成倾斜的原因是月球和附近行星施加的潮汐力。目前，地球的倾角为 23.44°。南北回归线分别在赤道上下 23.4°，而北极圈和南极圈距离两极的纬度也相同。如果地球再倾斜一点，比如说达到角度最大的 24.5°，那么北回归线也会显著北移，移到纬度 24.5°，它将不再经过哈瓦那，而是经过迈阿密。同样，在中东，北回归线也将穿过伊朗南部，而不是阿拉伯联合酋长国。同样的扩张也适用于南半球，因此热带地区的总面积将增加纬度 2° 以上。这种扩张将以温带的减少为代价，因为北极圈和南极圈也将向南和向北蔓延，极地区域扩大。地球倾斜的任何变化都会影响季节的显著性。地球越垂直，北半球的夏天就越凉爽，这比凉爽的南半球之夏更有利于冰河时期的到来。为什么呢？

这个问题与陆地和水有关。北极的大部分地区被海洋覆盖，这意味着它不可能冷得像南极那样。因为北冰洋除去它上面覆盖着的冰，仍以液态水的形式扮演着蓄热池的角色。而南极作为一块坚实的陆地，没有这样的热测试[1]来检测它到底能达到多冷。因此，北半球通过平衡和补偿平均而言要更冷一些的南半球来使地球保持温暖。关于这一点，问问住在福克兰群岛的人就知道了。虽然他们在南半球的纬度和英国伦敦在北半球的纬度相同，但福克兰群岛的年平均气温为 5.6℃，而伦敦则有其两倍这么暖和，为 10.4℃。同样，水在这里也会驱动热的不平衡，但方向正好相反。海洋需要很长的时间来降温，但升温需要更长的时间。南半球更大的海洋表面积使得整体温度降低，即使在夏天也是如此。因此，地球的一只脚踩在南太平洋的冰桶里，唯一能使地球保持温暖的只有北半球的夏天。

让我们快进 2 万年，让地球倾斜到它最垂直的 22.1° 倾角。北半球的夏季将会更加凉爽个几千年，然而冰川岿然不动。为什么？两件事需要同时发生，才能迫使地球的气候进入冰河时期。其中之一——米兰科维奇三个变量中的第二个，是我们的轨道近日点，也就是运行轨道将地球带到离太阳最近位置的季节时间。比如现在是 1 月，南半球正向太阳倾斜。但几千年来，近日点一直在移动。这意味着 1.3 万年后，北半球会得到夏季的近日点。(这也意味着把我们的气候带入冰河时期的三个必要条件之一目前已经具备。北半球已经失去了近日点提供给它的额外阳光，而南半球只是在夏天的寒

1. 指的是未结冰的液态水。

冷中浪费了额外的热量——增加的7%的太阳能[1]。幸运的是，没有近日点的额外奖励，北半球还能继续运转。）但当近日点周期、地球倾斜和第三个也是最重要的周期——轨道偏心率三者重合时，就该拿出雪铲和化冰盐了。

每隔 9.6 万年左右，地球的轨道就会从一个近乎圆形的轨道转变为一个更偏椭圆形的轨道。这改变了一切。在一个更偏椭圆形的轨道上，近日点使地球离太阳更近，并使面对太阳的半球接收到的太阳能大幅增加 20% ~ 30%。你可能会认为这将使地球的温度上升许多，但好消息是，椭圆形轨道将把地球带到离太阳最远的一点（远日点），从而抵消这一影响。如果远日点发生在北半球远离太阳的时候（就像现在这样），它将抵消南半球增加的太阳辐射。而北半球夏季一直存在的积雪，每年冬天都会增加一点，因为陆地的热量流失更快，尤其在北极海冰常年都在的情况下。再加上不那么斜的轴向倾角，嘿，冰河时期要开始了。

对我们来说，幸运的是，这种情况 6 万年后才会发生。尽管对米兰科维奇的循环理论仍有一些科学上的批评，但来自沃斯托克冰芯和深海沉积岩芯的地质证据表明，过去的冰河时期和他提出的轴向进动指数及轨道偏心率图表是步伐完全一致的。毫无疑问，至少在过去的 260 万年里，在上新世-第四纪冰川期，米兰科维奇循环一直在宏观上驱动着地球的气候。

但即使在这些大的、有规律的周期内，也存在高度不规律的气

---

1. 北半球靠近近日点的时候，由于没有像南半球那样大量的水，能吸收蓄积的热量将会减少。

候事件，揭示了大气的敏感性和潜在的不稳定性。冰川的扩张和撤退以及温暖间冰期的开始和结束并不总是有序的和渐进的，受到各种压力的大气会被非常微妙的影响推得失去平衡。

· 气候的不稳定 ·

当气候稳定时，无论是在雪球地球的极度深寒之中，还是在冰期之间盛行数百万年的热带行星环境中，它们都具有气候上的平衡性。当不稳定因素被引入时，比如米兰科维奇循环或大气气体比例的变化，气候就会进入一个失控的不稳定时期，两组气候条件之间的过渡会伴随着不寻常或极端的天气事件。正如我们所看到的，来自格陵兰冰芯的证据表明，临界点预示着气候大灾变的到来。有时，变化的早期预警信号是通过动物和植物行为的反常显示出来的，就好比煤矿里的金丝雀[1]或者地震前的狗叫。

· 物候学 ·

我是一个博物学家。鉴于本人住在多伦多市区，这似乎有点矛盾，但我相信当你看到那些把市中心当成家的野生动物时，一定会

1. 17世纪时，英国矿井工人发现金丝雀对瓦斯十分敏感，空气中的瓦斯含量稍高，金丝雀就会行为异常甚至死亡，所以每次下井都会带上一只金丝雀作为报警器，以便及时撤离。

感到惊讶。我坚持为我看到的最有趣的城市动物写日记，并且每年都做“首次目击”图表，在其中记录枫叶张开的日期——一个温暖天气到来的刚性指标，以及第一次看到我最喜欢的四种季节性生物的日期——六月鳃金龟、夜鹰、燕尾蝶和蝉。对这些季节性现象的出现（以及消失）的研究被称为物候学，我怀疑喜欢物候学是业余博物学家的主要特征。这种好伙伴还不少，最近我发现托马斯·杰斐逊也是一位痴迷的物候学家，他记录了他在弗吉尼亚州的庄园和华盛顿的家在开叶时间上的差异。在过去的 30 年里，我的图表不仅变成了迁徙动物和季节性动物的日历，还变成了气候变化的个人记录。与你想象的正好相反，春天似乎每年都来得更晚一点，至少在北美五大湖地区是这样的。

最能说明问题的数据来自我的开叶记录。20 世纪 80 年代，枫叶张开的时间是 4 月 23 日，但 20 世纪 90 年代就挪到了 4 月 29 日，跳了 6 天。在新千年的第一个 10 年里，平均开叶日期仍保持在 4 月 29 日，但是在第二个 10 年的前 6 年，2011—2016 年，这个日期往后移了一点，到 5 月 1 日了。有趣的是，最近的平均数据包括了一个开叶极早的年份——2012 年，那年开叶是在 4 月 14 日。

那么发生了什么呢？每隔 10 年，春天就会变得更冷，而冬天会持续更久一点，至少在多伦多是这样。也许只是枫树的问题。当然，不断上升的二氧化碳水平正在影响大气，但事实证明，还有其他人为因素也对气候产生了同样强烈的影响。

·飞机尾迹·

宾夕法尼亚州立大学地理学教授安德鲁·卡尔顿（Andrew Carleton）和威斯康星大学气候学家戴维·特拉维斯（David Travis）一直对高海拔空中交通对气候的影响感兴趣。喷气式飞机对天气有什么影响？如果没办法把天上所有的飞机清理掉几天——这是他们永远无法做到的，那么如何能够量化这种影响？

后来，发生了“9·11”事件和曼哈顿受袭。在美国停飞所有商用飞机和几乎所有军用飞机的三天时间里，卡尔顿和特拉维斯争相收集来自国家传感器的大量数据。当这些数字被聚集起来并加以处理后，得到的结果令人惊讶。排除了当地的天气和其他不正常的热力因素后，他们发现，在三天禁飞期内，美国的平均地表温度爬升了1.2℃。为什么？答案很简单：云层的覆盖更少了。

当喷气式飞机在高空飞行时，它们排出的废气会形成长长的冰晶带，这被称为尾迹。大家可能都很熟悉这两条蓝色背景下的白线，如果露点刚好合适，飞机消失在地平线上之后，白线还将继续存在。考虑到尾迹那么窄，你可能会认为它们在云层覆盖的意义上不值一提。但很明显，如果尾迹足够多，它们对大陆上方的阴影就有很大贡献。卡尔顿和特拉维斯在《自然》杂志上发表了他们的研究结果，一个有点矛盾的新词“全球变冷”被引入了气候变化词典。也许这就解释了为什么春天似乎每隔10年就会来得更晚一点，至少在北美东部是这样[1]。但实际上，人类还以其他方式影响着气候，而且影响的时间比你想象的要长得多。

· 人为的增温 ·

目前我们处于全新世，它开始于11500年前，那也是我们现在这个间冰期的开始。据一些统计，最后一次间冰期也就是桑加蒙期持续了1.1万年。这是否意味着我们这个间冰期已经过了它的期限了呢？一些气候学家确实是这样想的，弗吉尼亚大学名誉教授威廉·拉迪曼（William Ruddiman）就是其中之一。他认为现在的间冰期应该在几千年前就结束了，我们应该正在应对一个新的冰川推进的困境。但事实上还没有。为什么呢？拉迪曼将原因归咎给了人类。

十多年前，拉迪曼在研究代表了数千年大气历史的格陵兰岛和南极洲冰芯数据时，注意到大约8000年前二氧化碳的浓度有一个峰值。将其与考古记录交叉比对后，他发现了一种相关性。二氧化碳的增加恰好与刀耕火种农业从中东蔓延到欧洲和西亚处于同一时间段。然后，大约5000年前，又出现了另一个峰值，这次是大气中的甲烷含量。拉迪曼把这些和稻田农业联系了起来，其发端于中国的

---

1. 关于飞机尾迹云对气候的影响，其实也有与本书写到的完全不同的观点。比如2019年6月发表在《大气化学与物理》（*Atmospheric Chemistry and Physics*）杂志上的一个最新研究中，德国航空航天中心的乌尔里克·布克哈特等人就预测说，到2050年全球航空尾迹云引起的气候变暖将比2006年高出三倍，因为它们吸收的热量最终会流向地面。

长江下游地区。随着水稻种植向中国其他地区和亚洲扩张，甲烷的峰值继续上升。3000 年前，人类活动引起的甲烷和二氧化碳联合作用，使得中纬度地区的全球平均气温升高了 0.8℃，远北纬地区则升高了 2℃。按照拉迪曼的观点，这一增长足以阻止加拿大东北部的冰川作用了，而根据他的计算，它本该于 2000 或 3000 年前就开始。"唷！"你可能会说，"我们躲过了那颗子弹。"但与气候变化有关的事情并不那么简单，很有可能拉迪曼效应现在正进入高速运转中。

自 1800 年工业革命开端以来，人类对大气中二氧化碳的贡献几乎呈指数级增长，这主要来自燃烧化石燃料。这个过程已经释放了数十亿吨二氧化碳（此前被碳循环封存了数亿年之久）到大气中。

今天，二氧化碳只占大气的 0.04%，约为 400ppm。考虑到海洋植物，主要是浮游生物和藻类，与陆地植被一起每年要向大气中排放 7710 亿吨二氧化碳，足以看出碳循环的固碳效率之高。相比之下，人类每年贡献的 290 亿吨碳似乎微不足道，但碳循环是经过精细调节的，可能并没有多少容量来接纳这一超量。事实上，大多数气候学家认为碳循环已不堪重负，他们提出这就是目前大气中二氧化碳含量不断上升的原因。

很显然，若非人类的介入，世界不会发展到现在这样。此时，在一场灾难性的人为大灭绝中，由于人类的活动，成千上万的物种正在消失，我们似乎也在改变大气层本身。鉴于此，许多科学家主张我们正在进入一个由我们自己创造的新的地质时代——人类世。

·“挠龙尾”·

当罗伯特·奥本海默（Robert Oppenheimer）和莱斯利·格罗夫斯（Leslie Groves）将军在新墨西哥州洛斯阿拉莫斯监督制造第一颗原子弹时，他们进行了一项实验，测量原子弹的临界质量阈值——一个让失控的裂变反应引发爆炸的点。这个实验相当简陋。桌上摆着一堆马蹄形的钚砖，略低于临界质量，周围放一排辐射探测器。一根小钢轨进入马蹄铁的开口，停在这堆钚砖的中央。这根钢轨是一根滑杆的轨道，科学家们在其顶端放一小块钚，当它加到这堆钚砖上时，刚好能够引发临界反应。想法是让这块东西迅速进去然后出来，而没有机会完全进入临界状态并爆炸。这样他们就可以测量放射性的峰值，并微调引爆第一颗核弹所需的质量。他们恰如其分地把这个操作称为“挠龙尾”。

看起来，人类活动造成的大气变化是一个类似的实验，尽管没有监督，但它是对全球恒温器刻度盘的一种干预，可能会带来灾难性的、不可预测的后果。我们的大气层是一个流体系统，容易产生动荡和蝴蝶效应。例如，2012 年 7 月，一个暖气团在格陵兰岛上空停留了 12 天，其中有一天融化了 11 英寸厚的冰，占全年融化总量的 14%。这是一个反常的天气，一个无法预测的事件。另一种小的不平衡，比如格陵兰岛的热浪看似微不足道，却可能在复杂性的链条上叠加影响，最终破坏整个全球系统的稳定。这种事以前也发生过。

·气候和天气·

气候是你所期待的，天气是你所得到的。

——罗伯特·A. 海因莱因

人们经常把极端天气事件归咎于气候变化，虽然说意外气候变化的一个先兆确实是极端天气，但最好不要忽视平均水平这一事实，平均的气温、降雨和风速才意味着真正的气候变化。

但是，气候到底是从何时何地开始不再是气候，而变成天气的呢？我们可以说某些类型的天气是特定气候下所特有的。飓风是一种重要的天气现象，但它特属于热带气候。飓风的余波偶尔会越过40° 纬线，但绝不会一直到达北极圈。同样，暴风雪从未袭击过亚马孙地区。

事实是天气永远不会越过气候的界限，它是气候的一个子集、一个特性。你可以说天气是气候的普通特征，两者之间的区别主要基于时间。天气的持续时间短，通常是几小时，有时是几天，有时是几周，甚至当一座大火山爆发时，是几年。而气候则持续几十年，常以世纪来计算。

气候变化在过去一万年里对人类文明产生了非同寻常的影响，它引发了 4200 年前折磨埃及的一场饥荒；它导致了 800 年前美国西南部的沙漠化，迫使普韦布洛人的祖先离开了他们优雅的悬崖城市；500 年前，当小冰河期开始时，变幻无常的季风雨摧毁了柬埔寨伟大的吴哥窟文明；在地球的另一边，维京人的移民活动被冻结在了格陵兰岛之外。

不过，小冰河期对文化也有所裨益。斯特拉迪瓦里小提琴的传奇声音在很大程度上要归功于长达400年的寒流。为什么呢？因为斯特拉迪瓦里小提瑟使用克罗地亚枫木制作琴颈和琴背，而小冰河期特别严寒的冬天减缓了枫树的生长，将木材压得特别紧实。克罗地亚山区漫长而冰冷的冬季给斯特拉迪瓦里小提琴带来了一种独特而空灵的音色。当然，气候变化和长达数十年的干旱已经改变了人类的命运。但历史也曾被简单的天气所改变，有时甚至比气候带来的改变更为深刻。

第十二章

改变历史的天气

运气在其他事情上有很大的决定权，尤其是在战争中，能以非常轻微的力量给局势带来变化。

——尤利乌斯·凯撒

在一场为生存而进行的激烈战斗中，一个国家的命运将脆弱地悬于天平之上，而且在次数惊人的情况下，是天气使天平偏向了某一方。前5世纪，波斯人入侵希腊时，天气无疑是决定性的因素。

大流士国王（前550—前486年）是波斯阿契美尼德帝国的第三任国王，其统治时期是这个帝国的势力巅峰，其疆域西起今天的土耳其，东至印度边境，北从黑海和乌拉尔穿过整个中东，南到埃及。正是在大流士国王的统治下，阿契美尼德帝国开始吞并希腊殖民地，最著名的是在爱奥尼亚。但是希腊人并不甘于被占领。

一系列叛乱接踵而至，给波斯军队造成了巨大的破坏，以至于前 490 年，大流士国王下令入侵希腊本土。他集结了一支由一万名长生军（精锐步兵）、一万名轻装步兵、五千名弓箭手、三千名骑兵和六百艘海军舰艇（三层划桨战船）组成的军队，并将他们交给他手下最优秀的将军达蒂斯和阿尔塔弗涅斯来指挥。

波斯人夷平了纳克索斯岛，然后在希腊本土登陆。在那里，他们包围并摧毁了雅典卫城埃瑞特里亚，然后直奔马拉松。然而，希腊人赢了这一场。希腊将军米提亚德手下只有九千名雅典人和一千名普拉蒂亚人来对抗整个波斯军队，然而到那天结束时，波斯人溃败了，损失了五千多名士兵。相比之下，雅典人和普拉蒂亚人的伤亡不足两千人。

赢下马拉松之役让雅典人士气大振，尤其这次他们是在没有斯巴达人帮助的情况下取得胜利的。大流士国王发誓要报仇雪耻，波斯人为了制订新的入侵计划而撤退。但四年之后，大流士国王死了，这件事情落到了他儿子薛西斯身上，他必须完成父亲的誓言。薛西斯在前 480 年大举入侵希腊。据现代的估计，他的军队士兵总数在 10 万 ~ 15 万人，而希腊常备军的总人数约为 5.2 万人。

雅典政治家和海军战略家特米斯托克利是负责希腊国防的将军，他的作战计划是在陆地上的塞莫皮莱和水上的阿提米西恩海峡阻止波斯军队的入侵。这两场战役都是权宜之计，意在阻止波斯人，而不是打败他们。就在这时，天气要登场了。

在伟大的阿提米西恩海战前几天，历史学家认为在前 480 年 8 月或 9 月的某个时候，波斯舰队在塞萨利附近的马格内西亚的海岸边遭遇了一场可怕的大风。1200 艘三层划桨战船中有 400 艘沉没了，这是一个惊人的损失。（波斯人的三层划桨战船并非无足轻重的船只，和希腊人的三层划桨战船一样，它们在数百年的海战中得到了发展和完善，每艘重40吨，长120多英尺，配备120名桨手。）不过，在剩下800艘战船的情况下，波斯人仍然拥有巨大的后勤优势。他们的指挥官命令200艘船只绕着埃维亚岛岸边航行，想要花招把希腊海军引入圈套，但运气差到爆，另一场风暴袭来，200艘船只全部遇难。由于恶劣的天气，波斯人损失了舰队的一半。

但即便这巨大的损失也不足以拯救希腊舰队。几天后，两国海军在阿提米西恩相遇，胜算仍然在波斯人这边。希腊人召集的270艘船只，数量远远少于对方，在接下来的鏖战中，两国海军各损失了100艘船只。希腊人带着剩余的舰队撤退了。

与此同时，当希腊和波斯的船只在海上发生冲突时，一场历史性的战斗正在塞莫皮莱的陆地上进行。这次斯巴达人决定加入战斗。一支约7000人的希腊军队由斯巴达国王列奥尼达斯率领，在塞莫皮莱狭长的海岸地带阻击了整个波斯军队。这场战斗本来一直僵持不下，一个名叫厄菲阿尔特的当地人背叛了列奥尼达斯，泄露了通往希腊后方的一条秘密通道的位置。当列奥尼达斯听到风声时，才意识到自己的处境是无望的。他解散了大部分军队，留下了一支由300名斯巴达人、700名泰斯庇斯人和400名底比斯人组成的牵制部队。这场最后的、绝望的战斗成了传奇。到最后一个斯巴达人倒下的时候，波斯已经损失了2万人。

取得了代价高昂的胜利之后，大部分的波斯军队撤退到了亚洲。薛西斯留下了他信任的将军马铎尼斯，用一支更小的部队完成了征服。马铎尼斯的军队继续洗劫雅典（当时整个城邦已被疏散），与此同时，波斯海军在爱琴海追击希腊船只，直到前480年秋末，他们将希腊人逼入了萨拉米斯海峡。但这是一个会让波斯人引火烧身的陷阱。特米斯托克利对这些水域非常熟悉，对秋天的天气更是了如指掌，他有气象方面的锦囊妙计。

由于对特米斯托克利隐藏的“王牌”一无所知，波斯指挥官认为，500艘三层划桨战船对希腊人的370艘，他们已经卓有成效地实现围困并在数量上超过了对方。希腊船只在岬角另一边，波斯人没法直接看到他们。战役当天的日出时分，波斯战舰众多，他们在海峡上排成一条坚固的防线，堵住了希腊人逃跑的任何机会。波斯人等待着，他们知道希腊人永远不会提出条件。然而，早晨慢慢过去了。特米斯托克利一反常态地——或者说从波斯人的角度看似乎是这样——把行动推迟到了上午，直到那个时候他才派出了几艘船。然而，希腊人没有与敌人交战，而是转身撤退到了他们的防御工事。波斯人上钩了，整个舰队都划进了海峡的狭窄水域。他们不知道风之神埃俄罗斯要站在希腊人这一边加入战斗了。

波斯人刚一绕过海岬，希腊人就发起了进攻，相当精准地打中了波斯人的三层划桨战船。几艘波斯船只开始下沉，接着发生了混乱，太多的船只挤在了一个太小的空间里。正如计划之内的，在上午的晚些时候，埃蒂赛风[1]来了，把头重脚轻的波斯战舰吹到了一起，互相撞击，乱成一团。在波斯人完全溃退之前，希腊人成功地智取并击沉了一半以上的波斯船只。

---

1. 即地中海季风。

这开启了希波战争的终结。波斯军队在希腊又驻扎了一年，直到前 479 年 8 月在普拉蒂亚战役中被击败。几乎同时，波斯海军的残余在米克利海战中被摧毁。

萨拉米斯之战成为整场战争的转折点，波斯海军再也没有恢复到从前的力量。如果没有可靠的埃蒂赛风，希腊伟大的古典时代将胎死腹中，西方文明的进程也将不可逆转地改变。

· 达契亚的陷落 ·

> 伟大的战役结束后，一般都会下起不寻常的大雨，也许是某种神圣的力量以上面的雨水冲洗和清洁被污染过的土地，或者是从血液和腐败中涌出湿而沉的蒸汽，使空气变得厚重。
>
> ——普鲁塔克[1]

81—96 年，罗马帝国在多米提安统治时，正值权力和领土的鼎盛时期。他是一个无情、专制的暴君，尽管如此，在领军拿下不列颠的几次战役后，他还是受到了罗马军团的欢迎。然而，他始终无法驯服在离罗马不到 700 英里之处拥有大片领土（大约是现在罗马尼亚和保加利亚的领土）的达契亚人。85 年，达契亚人入侵罗马的默西亚省，杀死了总督奥皮乌斯·萨比努斯（Oppius Sabinus）。罗

1. 46—120年，用希腊文写作的罗马传记文学家、散文家。

马人击退了他们，但 86 年，他们再次入侵。这一次，多米提安派出了一支由禁卫军长官科尼利厄斯・弗斯库斯（Cornelius Fuscus）指挥的军团。两支军队在塔帕伊相遇，战役以罗马人的耻辱战败而告终。整个军团全军覆没，长官弗斯库斯被杀，达契亚人还夺走了罗马军团的战斗军旗“阿奎拉”[1]。

虽然罗马人可以容忍一次军事失败，这种事情有时是不可避免的，但失去军旗实在是太过分了。多米提安请求元老院重新发起对达契亚人的进攻，但和之前的大流士一样，他没能活着看到罗马人的复仇。96 年 9 月 18 日，他被刺客杀死，任务落到了下一任统治者图拉真身上。

达契亚成了图拉真的私仇，他于 101 年指挥两支军团入侵达契亚，一路直捣塔帕伊，来到了 15 年前罗马人被击败的同一战场。在那里，他遇到了全副武装的强大对手。

一开始达契亚人打得很好，但随后一场暴风雨席卷了参战双方。罗马人把这当作宙斯站在他们这边参加战斗的预兆，他们在雨战中焕发出了新的活力。达契亚人不愿同时对付宙斯和图拉真的军队，于是撤退了。第二次塔帕伊战役对罗马人来说是一次伟大的胜利，他们接着向北推进，直打得达契亚国王德塞巴鲁斯（Decebalus）要求讲和。一场夏季的暴风雨打破了平衡。

1. Aquila，拉丁语“鹰”的意思。

· 北方之锤 ·

坏天气可以持续很多年，这样的例子可以在 6 世纪时的挪威、瑞典和丹麦找到，当时两次大规模的火山爆发带来了一个多火山的冬天。第一次被认为是萨尔瓦多中部 TBJ[1] 的喷发。火山灰被带到高层大气中，然后包围了整个地球。536 年，也就是火山爆发后的第二年，拜占庭历史学家普罗科皮乌斯（Procopius）写道："今年发生了一个最可怕的预兆。日头发出了无辉的光，这一整年就好像月亮一样，而且甚像日蚀的时候发出的光。"第二次喷发发生在 539—540 年，大概在热带的某地。火山爆发后的苦难十年是过去 2000 年来北半球最极端的短期降温事件，世界各地都发生了农作物歉收和饥荒。

斯堪的纳维亚半岛受到的打击最为严重。大量人口因饥饿致死，瑞典乌普兰地区的大多数农业村庄都被遗弃。该半岛的其他地区也上演了类似的场景。那些幸存下来的人凭借的是武力，在刀尖上夺取仅剩的一点粮食。正是在这个黑暗的熔炉里，斯堪的纳维亚人建立起一个新的秩序：掠夺成性的武士武装到了牙齿，在漫长黑暗的年月里为了争夺霸权而斗来斗去，磨练着自己的武功。当夏天终于回来的时候，他们带着新技能在路上打劫和破坏。或者，我应该说，是在水上。维京人的长船向西一路到达纽芬兰，向南进入地中海，向东最远到达了俄罗斯的伏尔加河。

---

1. 这次喷发的是伊洛潘戈火山，被地质学家叫作Tierra Blanca Joven喷发，在西班牙语中是"年轻的白色的土"的意思，得名自喷发中大量产生的白色酸性火山灰。

· 俄国的冬天 ·

1812 年夏天，拿破仑率领 68 万大军入侵俄国。到 9 月时，他已经拿下了莫斯科。奇怪的是，这个首都被遗弃了，一个人都没有留下来对抗入侵部队。俄国人在拿破仑进入之前已经撤离这座城市，他们拒绝求和。拿破仑待了一个月，与此同时，他的士兵们洗劫了被烧毁的废墟。到了 10 月，仍无法通过谈判解决问题，拿破仑开始追击西南方向飘忽不定的俄国军队。这时候天气开始发挥作用了。拿破仑一定也明白过来了，但为时已晚，俄国人用拖延和逃避的战术智取了他。11 月，早早降临且异常严酷的冬天开始毫不留情地发威。

气温下降到 −40℃以下。由于预期的是一场快速战，因此拿破仑的军队没有配发冬衣。雪上加霜的是，拿破仑的补给线被哥萨克人的游击战严重破坏，俄国人还把自己的庄稼都烧了，一举切断了侵略者在当地的粮食供应。在无情的 24 小时内，50 万匹马死于寒冷，当四面楚歌的军队艰难地离开俄国时，因为体温过低和哥萨克人的追击，拿破仑已经损失了 38 万人，另外还有 10 万人被俘。拿破仑的失败变成了法国的失败，它失去了在盟国中的主导地位。奥地利和普鲁士取代了法国，欧洲的力量平衡发生了戏剧性的转变。

如果拿破仑的军队没有被摧毁，谁知道欧洲的历史会怎样发展呢？如果他早几个月发动针对俄国的行动，结果将完全不同。

·佛兰德斯攻势·

到 1917 年，一场大多数军事战略家认为会在 1914 年圣诞节之前结束的冲突、号称“结束所有战争的战争”，已经血腥地持续了 3 年，陷入了使得数十万人丧生的僵局。3 年前的春天，英国陆军元帅黑格伯爵（Earl Haig）和法国陆军元帅罗伯特·尼维尔（Robert Nivelle）计划对德国在佛兰德斯的阵地发动夏季攻势。这将是一次使用当时所有可用技术的大规模攻击，包括火炮、坦克和军队。计划是迅速占领德国的阵地，根据黑格的说法，联军将在 3 小时内夺回比利时。而他们之所以选择 8 月开展这场战役，是因为在法国北部，8 月一贯是干燥、阳光明媚的月份。但天气之神没有站在联军这边。

7 月 21 日，前线开始下雨。第二天也下雨了，第三天又下雨了，接下去的一天还在下。之后整个 8 月都在不停地下雨，这场始于 7 月 31 日的进攻很快陷入了泥淖，甚至连坦克都深陷泥坑。任何夺取比利时甚至只是德军防线内的帕斯尚尔村的梦想，都输给了欧洲 30 年来最潮湿的夏天。

战场变成了一片被炮弹炸开来的泥浆海洋，人们在里面淹死了。9 月，降雨有过短暂的舒缓，但 10 月又开始了，直到 11 月联军才以 1.5 万名士兵伤亡为代价拿下了帕斯尚尔。这场胜利从这一点上来说，并未改变前线的拉锯。但如果 8 月的洪水没有淹没战场，第一次世界大战可能会更早结束。

·敦刻尔克奇迹·

到了第二次世界大战，气象科学对军事战略来说已经是不可或缺的了。将诺曼底登陆推迟 24 小时的著名事件，证明了预测的威力。然而，变幻莫测的天气也给战士们带来了别样的惊喜。英国军队在敦刻尔克的临时撤离显然是最应该被提及的，虽然这次是大雾和无风让一切化险为夷。

1940 年春天，希特勒的闪电战迅速席卷法国，到 5 月 21 日，40 多万联军士兵（由比利时、加拿大、英国和法国士兵组成）在法国北部海岸被德军完全包围。他们唯一的希望是从水路撤退。英国海军上将伯特伦·拉姆齐（Bertram Ramsay）和英国远征军首领格特（Gort）开始为绝境中的军队准备一次海上撤退。

时间不多了，形势看起来非常严峻，但莫名其妙的是，他们得到了两天宝贵的延缓。5 月 24 日，德国最高司令部发布了停战令，德国驻法国军队指挥官格尔德·冯·伦斯特德（Gerd von Rundstedt）担心他的装甲部队和前线军队可能遭到攻击。此外，赫尔曼·戈林（Hermann Göring）认为仅凭空中力量就能摧毁正在撤退的盟军。这次延缓攻击对盟军的撤离计划来说至关重要，天气之神也站在了他们这一边：在德军发出停战令的同时，天气变差了。英国海军部当即采取行动。在厚厚云层的掩蔽之下，他们驶向敦刻尔克，没有被纳粹德国空军发现。

5 月 26 日下午，希特勒撤销了停战令，德国军队又开始向前推进，但他们遇到了法国和英国军队英勇的后防反击。这是为了给盟军的其他部队争取到达敦刻尔克海滩的时间，在那里，海上运输已经开始。德国人对联军的撤离措手不及，这时他们能调动的只有空中力量，在天气允许的情况下，德国空军通过扫射士兵和轰炸船只来骚扰联军的海上舰队。但是，英国皇家空军进行了有效的防御出击，阻止德国空军完全控制敦刻尔克上空。

截至5月27日上午，在撤离行动的第一天，已有2.8万人被救出。许多被困士兵不得不涉水入海，才能到达救援船，这个缓慢而艰难的过程，也使他们容易受到德国空军零星扫射的攻击。天气还在继续配合。整个撤退过程发生在反常的九天里，天气平静多云，不时会起雾。正如拉姆齐海军上将报告的那样，“必须充分认识到，在西南和东北之间的北部区域，任何强度的大风都将使海滩撤离成为不可能，但这种情况完全没有发生过”。

事实上，天气是如此平静，以至于英国海军部采取了不曾有先例的做法，用两个由石头和混凝土组成的防波堤（此举一度被认为对于登船来说太过危险）作为码头，来运走更多的士兵。之前，英国皇家海军“军刀号”驱逐舰（HMS Sabre）花了4小时才把区区200名士兵从海滩上拖出来，而在临时搭建的码头上，更大的船只现在每小时可以装入1000名士兵。敦刻尔克上空停滞不前的低压系统提供了平静的海面和云层，海军部提高了赌注——也许他们可以尝试不可能的任务，不留下一个士兵。

在英国本土，海军再次发出援助呼吁，到5月31日，数百艘私人船只——摩托艇、救生艇、驳船、游艇和拖网渔船，穿过海峡抵达敦刻尔克。在它们的帮助下，到6月4日，大约338226名联军士兵都撤离了。由于这些部队中的大多数人都曾亲历过对德国士兵的行动，他们成了联军的宝贵军事资产，希特勒对他们脱离他掌控的这一天追悔莫及。6 月 5 日，风刮回了敦刻尔克，但现在冲上岸边的海浪只是拍打着一大片空旷的海滩。那里站着几名德国军官，他们的双筒望远镜对准的是雾蒙蒙的地平线，敌人已从那里逃脱。

· 重历俄罗斯 ·

在占领西欧之后，希特勒把目光转向了苏联。1941 年 6 月 22 日，他废除了与斯大林签订的《互不侵犯条约》，以世界历史上规模最大的陆军发动了入侵。这场名为“巴巴罗萨计划”（Operation Barbarossa，意为“红胡子”）的战役原定在初秋前结束，但苏联人的抵抗比预期的更加猛烈。德军在陆军元帅费多 · 冯 · 博克（Fedor von Bock）的指挥下，直到 12 月初才到达莫斯科郊外。希特勒就像他之前的拿破仑一样，一直期待着速战速决，而未给他的国防军提供冬衣。

就在莫斯科郊外，德军发动了进攻，并且不出所料地开始被苏联冬季的酷寒所折磨。11 月 30 日，气温降至 −45℃。正如斯大林讥嘲地观察到的，“冬将军已经抵达”。到了 12 月，气温经常降至 −28℃，有时甚至低至 −41℃。发动机失灵使得德国空军停飞，航空燃油管道被冻结，甚至卡车和坦克也因寒冷而动弹不得。德国国防军报告了 13 万冻伤的病例。苏联人在 12 月 5 日重新集结并进行反击，最终在 1942 年年初将德军一路赶回斯摩棱斯克。

但德国人很顽固，巴巴罗萨计划继续进行。到了夏天，德国人再次入侵苏联，这次是从南侧进攻。弗里德里克 · 保卢斯

（Friedrich Paulus）将军的第四装甲师在前往夺取斯大林格勒的途中，取得了他们夏季战役中巨大的早期胜利。与1917年8月潮湿的天气不同，当时的天气非常好，装甲师前进的速度非常快，以至于他们远远领先于补给线，不得不停下来等待补给。保卢斯很沮丧，因为他们提前完成了日程，9月1日就已经抵达斯大林格勒的攻击距离之内了。苏联人被德国装甲师推进的速度打了个措手不及，没有足够的时间安排像样的防御。他们知道这座城市可能会失守，如果斯大林格勒陷落，莫斯科肯定也会陷落。但正如真实情况发生的那样，夏末的平静天气对防守方有利。

保卢斯决定给他那疲于战争的部队放一个星期假，去享受阳光和温暖的天气。无论如何，他们必须等待补给，而且他们很容易就能干掉路上遇到的苏联军队。

几乎可以肯定的是，这次休假让德国人付出了未能占领斯大林格勒的代价。在保卢斯于9月7日加入战斗之前，它给了苏联人足够的时间来加固这座城市。到了10月初，德国人控制了斯大林格勒80%的区域，但天气再次拯救了苏联。10月的大雨使德国的补给车队停滞不前，然后，10月19日，雨变成了雪，气象方面的运气再一次打击了德国人。随后的冬天开始对苏联战略产生影响，就像去年在莫斯科郊区发生的一样。

到了11月，苏联人已经包围了在斯大林格勒的德军，德军运送物资的唯一途径只有空运。但是1月对德国空军来说并不友好。气温经常降到−30℃以下，数百架德国补给飞机因为寒冷而飞不起来。尽管斯大林格勒的冬天不像前一年莫斯科的冬天那么可怕，但12月和1月有足够多的日子极其寒冷，那些没被枪杀、俘虏或饿死的德国士兵在他们的堡垒中被冻死了。如果夏天天气不是这么好，冬天不是这么早到来，德国人很可能会继续占领这个国家的其他地区。尽管斯大林格勒之围造成了惨重的损失，苏联人还是坚持了 900 天，希特勒的占领计划最终被挫败。

· 爱之夏 ·

并非所有因天气造成的逆转都涉及军事入侵、挫败或其他类似事件，有时天气之神会眷顾人类的文化事务。比如，1967 年的 6 月、7 月和 8 月，一系列高压系统停留在北美和欧洲，为几个月前在冬季的加州开始的一场社会革命提供了完美的生长环境。

据《旧金山神谕》(*San Francisco Oracle*)[1]报道，1967 年 1 月 14 日，在旧金山的金门公园举行了一次非同寻常的“部落聚会”。这是美国青年反主流文化中前所未有的发展，组织者把这次活动称为第一次“人类大聚会”(Human Be-in)。聚会汇集了来自加利福尼亚和其他各地的各种嬉皮士团体，他们穿着反主流文化的服装，自发庆祝自己的“怪异”身份。大聚会一方面是为了抗议加利福尼亚州将 LSD 致幻剂入罪，另一方面是为了打出旗号。大约有两万名嬉皮士参与其中，媒体也注意到了这一点。

“爸爸妈妈”乐队的约翰 · 菲利普斯（John Phillips）当时就在

1. 一份旧金山的地下报纸，1966年9月至1968年2月共发行了12期，《纽约时报》编辑艾伦 · 科恩（Allen Cohen）和艺术总监迈克尔 · 鲍文（Michael Bowen）是其创始人。

那里，他深受令人陶醉的时代思潮的启发，成为迷幻革命的主要缔造者之一。在接下来的几个月里，他创作了运动的第一首圣歌。1967 年 5 月 13 日，斯科特·麦肯齐（Scott McKenzie）以单曲形式发行了这首歌——《旧金山（一定要在头发上插些花）》。到了 7 月，这首歌在美国和加拿大的排行榜上高居榜首，随后又成为英国和欧洲其他大部分地区的冠军单曲，最终在全球售出 700 万张。就像个邀请似的，这首歌发行 3 天后，旧金山的气温达到了 30℃，而往年这个时间段的正常最高气温为 19℃。6 月底学校放假后，嬉皮士们涌进了这座城市。他们不仅仅来自美国，据估计，那年夏天有 7.5 万人迁徙到了旧金山、伯克利和湾区，打算加入一场即将席卷全球的革命。

约翰·菲利普斯已经写好了这首革命之歌，他意识到，还需要另一场规模更大的活动来撬动这个夏天。他和卢·阿德勒（Lou Adler）一起为位于旧金山南边的蒙特雷的部落举办了一场为期三天的音乐节，从 6 月 16 日持续到 18 日。名为“蒙特雷国际流行音乐节”的盛会展示了“杰弗逊飞船”、“吉米·亨德里克斯的经历”和拉维·香卡等乐队。到音乐节的最后一天，观众人数达到了 6 万人，音乐会的部分片段在世界各地的电视上不断重播，大家后来都知道的那个“爱之夏”已然拉开序幕。

这一时期非同寻常。在蒙特雷音乐节的前两周，也就是 6 月 1 日，甲壳虫乐队发行了《佩珀军士孤心俱乐部乐队》（*Sgt. pepper Lonely Hearts Club Band*），结果证明它正是迷幻夏日的主打配乐。同年 6 月，范·莫里森（Van Morrison）发行了《棕色眼睛的女孩》（*Brown Eyed Girl*），讲述一对情侣在体育场后面的草地上做爱，好一幅性感的画面。

户外摇滚音乐节和被称为“友爱聚会”（love-ins）的自发性户外聚会，像致幻蘑菇一样在北美和欧洲遍地生长，把“爱之夏”变成了世界上最盛大的户外派对。成千上万有抱负的嬉皮士会在路边突然竖起大拇指，从纽约搭车到温哥华，从阿姆斯特丹搭车到摩洛哥。

从公园到海滩到空旷的田野，任何一片大自然都成了这些游牧狂欢者的起居室和卧室。夏日的景观变成了一个巨大的户外客厅，充满狂喜、刺激和淫欲，而高压环流为此提供了完美的天气。在美国中西部，6 月非常炎热，芝加哥整个 6 月的平均气温为 26℃。北美东海岸的 6 月也很热，从哈利法克斯到佛罗里达都是如此。那年北美的 7 月倒是并没有异常炎热，因为 7 月总是很热。

英格兰和北欧也经历了一个异常晴朗和温暖的夏天。6 月和 7 月都不可思议地太阳高照，8 月不仅比往常更干燥，而且在接近月底时变得比往常更暖了。8 月，英国“小脸乐队”发行了《伊奇科公园》（*Itchycoo Park*），这首歌讲的是逃学和在公园里醉生梦死。但最好的都留到了“爱之夏”的最后一个月，在这一切开始的地方——旧金山。

那年北加州 8 月和 9 月的气温比正常情况下要凉爽一些，但那时正在经历如此大的变化状态的湾区居民可能都没有注意到。10 月，温度自动调节器再次启动，平均气温高达 23℃，而通常这个月的平均温度很难达到 21℃。即使是 11 月，也有近 21 天的气温高于平均水平，仿佛“爱之夏”就是不想放手。

· 漫长的炎夏 ·

那年，一系列夏季的高温主导了北美地区的天气，这对住在市中心的另一群人产生了截然不同的影响。大城市如果足够大，就能创造出自己的天气，气象学家称之为“热岛”。混凝土建筑和沥青路面在白天吸收的热量会在晚上辐射出去，使城市的温度升高，直到明显高于周边的乡村地区。这种“热岛效应”意味着夜间大城市的气温通常比周围高出 2.9℃。在平静的夜晚，由于污染和热量被困在穹顶内形成逆温，温差往往会被扩大。乡村地区舒适夜晚的 19℃，到了城市就接近 22℃。加上湿热指数在中西部和市中心的夏天通常都会很高，你的主观温度就会是 28℃，这是会在夜晚汗透床单的那种热。因此，对于生活在几乎没有空调设施的城市区的居民来说，“爱之夏”并不像田园生活那么美好。贫民区成了能引起幽闭恐惧的烤箱，最终引发了被称为“漫长的炎夏”的一系列暴乱。数十年的不公平和压迫到了沸点。

整个 6 月，暴乱在辛辛那提、布法罗、纽约和坦帕爆发。7 月，密尔沃基、明尼阿波利斯和纽瓦克发生了更大规模的骚乱。然而，以上这些都比不上 7 月 23 日至 28 日发生在底特律的暴动，也是美国历史上规模最大的城市暴动——第 12 街暴动。

7 月 22 日，星期六晚上，底特律酷热难当，市中心的居民成群结队地来到户外，享受相对凉爽的空气。7 月 23 日凌晨，第 12 街一家名为“盲猪”（Blind Pig）的业余俱乐部里正在举行一场派对，这时警察来了个突袭，中断了这场活动。他们逮捕了 82 名顾客，其中一些警察的行动表现得过于暴力。消息迅速传开，当警察准备把囚犯押送到当地分局时，200 人的愤怒人群已经聚集在了俱乐部门前。在某个时间点上，有人将一个空啤酒瓶扔进了警车的后窗，然后有人把垃圾桶扔进了一家店铺的窗户。接下来一切都乱了套。

暴力蔓延并持续了一整夜，第二天下午起了风。这消息不怎么妙，数十座建筑物在燃烧，25 英里 / 时的大风把火焰扇成了发狂的地狱。安大略省温莎市的市民聚集在底特律河的另一边，看着底特律西区开始冒出滚滚黑烟。当地警方和消防部门无法维持秩序，骚乱完全失控了。

到了 7 月 24 日星期二，这一情况已经成为国际新闻的头条，必须做点儿什么了。密歇根州州长乔治・罗姆尼（George Romney）下令派去 8000 名国民警卫队，几小时后，林登・约翰逊总统从第 82 和第 101 空降师调集了 4700 名伞兵。即便如此，还用了两天时间才恢复秩序，那时已有 43 人死亡，1400 栋建筑被烧毁。在暴动发生后的两年里，有 19.3 万名市民离开了这座城市。底特律曾经是繁荣的汽车工业的总部，现在却成了经济的重灾区。1967 年漫长的炎夏给底特律市民带来了与旧金山市民截然不同的剧情。

后记

火、水、土、气：地心之旅

亚里士多德声称世界由四种元素组成：火、水、土和空气。说句公道话，他的“四件套”如今仍然成立，尽管看起来没有一样是完全独立的。空气中充满了水蒸气，海洋中的二氧化碳含量是大气的 50 倍。在地球深处，岩石热得像在燃烧，当火山爆发时，会喷出细小的粉末状熔岩，以火山灰的形式飘到大气中，有时还会扩散到世界各地。空气中有土。

我们都知道土溶解在海洋里：海水中盐的浓度为 3.5%，其中 70% 是氯化钠（食盐），其余则包括大量的硫酸盐、镁盐、钙盐和钾盐，以及痕量的所有重要金属。的确，海洋中含有溶解的岩石大陆，含量丰富到足以使从海底开采锰结核[1]很快就将在经济上可行。地球上的水不止表面上的那些，地幔深处还封锁着地下海洋。

虽然混杂在一起，但亚里士多德的四元素主要还是根据质量来排列的，也就是密度最大的元素处于核心，较轻的在上面。地球内

1. 锰结核又称多金属结核，广泛地分布于2000～6000米水深的海底表层下，其中含有锰、镍、铜、钴等陆地上稀缺的金属资源。原文为magnesium nodules，应是manganese nodules之误。

部的熔融物质比岩石地壳重，而岩石地壳又比水更紧实。水当然比空气的密度要大，空气比太空里的真空更重。亚里士多德的四元素还能在垂直方向上相互融合，土溶于水，水溶于大气，大气最终溶于热层之上的空间。

尽管高达 900℃的岩浆离我们脚下只有 40 英里远，但它对我们的热影响比 9300 万英里之外的太阳要小。地球表面的岩石大陆把我们与其内部的热量隔绝开来，因此，即使生活在相对较薄的凝固岩石表面，我们也很高兴于自己察觉不到脚下的“高温炉”。除了偶尔的火山爆发，我们炽热的行星核通常不是大气热经济的主要参与者。不过，脚下那些黏稠、流动的岩浆以其他更间接的方式对气候做出了贡献。

· 莫霍计划 ·

地震引起的地震波与声波相似，会从遇到的任何表面反射回来，并恢复原波形。回声是蝙蝠用来在黑暗中绘制周围环境图的工具，19 世纪到来之时，科学家们已经在使用类似的原理来分析从远处地震震源传出的地震波的形状和深度，从而绘制出地球内部的图景。也许其中最大的发现是在 1909 年，克罗地亚地震学家安德里亚 · 莫霍洛维奇（Andrija Mohorovičić）在紧挨地壳的下方发现了波速的不连续变化，现被称为莫霍不连续面。他利用地震波探究了陆壳的厚度，测出它大约有 10 ～ 60 英里厚，大陆下面平均为 22 英里厚，而海底下为 3 ～ 6 英里厚。他发现，我们漂浮在一片熔岩的海洋上。

当然，这为20世纪中叶的大陆漂移理论奠定了基础：原本被视为不动的大陆不仅在漂移，还在碰撞。这些理论家还声称，一些大陆正通过他们称之为俯冲带的区域被吸进地核。尽管一开始遭受了很多质疑，但事实最终证明他们是正确的。大陆是被称为构造板块的更大地壳的一部分，板块由对流流动所驱动，它们下面的黏性岩浆产生了这种对流，就像缓慢流动的洋流一样。

在20世纪60年代早期，美国《国家地理》杂志非常让人激动。当时有两个雄心勃勃的竞赛正在进行：一个是X-15计划，让飞行员驾驶火箭飞机飞向太空边缘；另一个是“莫霍计划”（Project Mohole），让墨西哥海岸附近的一个钻井平台啃穿地壳，深入地下的岩浆。美国《国家地理》报道了这两项计划，它们都很吸引我，尤其是莫霍计划。我看过电影《地心游记》，能确切地想象当挖到岩浆时的情景——就像一口自喷井，喷出的是岩浆。他们将如何封堵这样的井喷？我羡慕钻井船上的工人们，这些人可能会开启一座新的火山！

莫霍洞背后的想法是合理的。根据莫霍洛维奇的测算，海洋底部的地壳更薄。所以他们要做的是把钻机从静止停好的船上放下来，穿过14000英尺深的海洋，然后钻过17000英尺厚的地壳岩石。不幸的是，他们没有如今钻机上配备的稳定器。如一位海洋学家所言，这就像“试图用一根意大利细面条在纽约的人行道上钻一个洞”。到了1966年，该项目在海底挖了601英尺深后被放弃。

不过当时正处于“冷战”的巅峰，苏联人接过了这项挑战。4年后的1970年，他们开始了自己的深海钻探项目。他们可能已经输掉了去往月球的比赛，但仍有机会成为第一个到达地心的人。他们证明了自己更能坚持，而且有在陆地上钻井的优势，这使得他们的设备更加稳定。但 10 年后，苏联人也放弃了对岩浆的探索。尽管如此，他们还是打败了美国人，钻头达到了令人肃然起敬的 7.6 英里的深度，在此基础上发现了两个出乎意料的现象：在海底以下 6 英里，温度已经比任何人预期的都要高，达到了 180℃ ；而更离奇的是，岩石都湿透了。

所以是水潜藏于岩石中，岩石溶于水，水又蒸发到空气中，空气以二氧化碳和氮的形式被困在岩石里。所有这些都要经过地壳深处伏尔甘[1]的火炉淬炼。

· 地心游记 ·

1960 年，9 岁的我看了《地心游记》。这部电影讲述了四名无畏的探险家追随着前辈探险家留下的一系列标记到达地心的故事，他们包括一位著名的地质学家、他的一名学生、一位美丽的慈善家（这次探险的资助者）和一个高个子的带着宠物鸭的冰岛人。自然，也有另一支由邪恶科学家组成的敌队试图阻碍他们，虽然他们没有逃脱恐龙的袭击，但最终还是来到了地球的中心。在那里，他们遇到了一个强大的磁场，携带的所有金属物品——戒指、怀表甚至补牙的材料，都被吸到了空气里。

1. 罗马神话中的火与工匠之神。

电影改编自儒勒·凡尔纳1864年的同名小说。尽管它富于幻想，但包含了足够多的科学知识，这足以让维多利亚时代的人确信无疑。但基于我们现在对地球内部的了解，可以断定它描述的是一场不可能的旅程。直接载人探险想都不要想，至少目前做不到。不过我们可以想象一下，穿越地球的各个面会看到些什么。

让我们的旅程从超新星爆炸开始似乎是个奇怪的起点，但请接着往下想：当一颗质量比如说是太阳20倍的大恒星爆炸时，大部分能量会从恒星的外层向外抛散。与此同时，内核在巨大的重力坍缩中发生内爆，原来的恒星只剩下一个残核，其密度如此之大，以至于电子和质子被聚变成了中子。这并不容易做到。这个黑色的物体还不完全是黑洞，其质量相当于2个太阳，但直径只有7英里，它被称为中子星。

此处我们的思维实验要开始了。一茶匙中子星重约1000万吨，大约是吉萨大金字塔的900倍。如果我们把超人招募过来，让他拿着那把茶匙并把茶匙里的东西倾倒在地球表面，它就会做自由落体运动，穿过土壤、岩石和岩浆，像吐口水到棉花糖上一样，快速地到达地心，快得如同岩石穿过云层。由于地心在我们脚下3960英里的地方，自由落体需要45分钟，整个过程看起来就像这样——

在自由落体的最初几秒钟，那一茶匙中子星会穿透地球岩石构成的地幔——陆壳，这是我们立足的地方，也是构成山脉的东西。莫霍洛维奇发现，海底的地壳大约有3～6英里厚，大陆地壳大约有22英里厚。而在山脉以下，它的厚度会再多出15～35英里。

中子星下得越深，那里的温度就越高：在地表以下12～20英尺，温度是恒定的11℃。这就解释了为什么我们的祖先会住在山洞里，为什么建在山上的房子比建在平地上的暖和。南非陶托纳金矿是世界上最深的金矿，在地表以下 2.4 英里处，其岩石的表面温度为 60℃。即使大型空调全速运转，金矿工人身处的环境温度也有 27℃。

几秒钟后，我们微小的中子星块就会撞上地幔，刚好位于岩石地壳下方约 25 英里，这个深度相当于地表以上中间层的高度。此处为熔岩区，温度从 500℃直到 900℃。这里热得发红，而且只会越来越热。地幔的上半部分和岩石地壳一起构成岩石圈，而上地幔的下半部分称为软流圈，岩石圈“漂浮”在软流圈之上。我们这位超高密度的“洞穴探险者”可能需要将近 1 分钟才能穿过上地幔，到达地表以下 250 英里处。在那之后，它将进入上地幔和下地幔之间的过渡带，从地表以下 250 英里处开始，到 400 英里处结束，这大致与地表以上热层到地面的距离相当。这是能探测到的地震的最大深度。

足够有趣的一点是，据说下地幔和上地幔之间的过渡带含水量为世界上所有海洋水量总和的 3 倍。浸透了水的岩浆就像海绵一样，确切地说，是一块高达 1900℃的黄色热海绵。这些较厚的圈层需要几分钟（而非几秒钟）才能让我们的中子星块穿过，尤其是过渡带的下一层，也就是下地幔，需要的穿越时间较长。下地幔开始于地表以下 400 英里处，结束于 1800 英里处。

再下面是 D 层，这个名字来源于地球物理学家基思 · 布伦（Keith Bullen）最初的命名 D"[1]。他在 20 世纪 60 年代创造了这个标

1. 基思 · 布伦最初用A代表地壳，B、C、D代表地幔的不同层，E、F、G代表地核的不同层。后来随着一些新的发现，D又被分成D ' 和D " 两层。

签，当时地球物理学对地核的探索正如火如荼。D 层从地表下 1800 英里延伸到 1900 英里，虽然薄，但活跃。这里是热波动产生热点的地方，热点通过地幔中上升的热柱将热量传送到地表。

最后，在 1900 英里的深处，我们的中子星“洞穴探险者”到达了外核。地幔和地核边界的温度约为 4000℃，这里热得发白。在这个深度，巨大的压力几乎达到了地表处的 300 万倍，由此带来的一个矛盾结果是，地幔底部流动的岩浆又变成了固体的岩石。相反，就在它下面的外核却是液态的，它是地球磁性的来源。液态外核中的金属绕着内核转，犹如一个巨大的发电机，并产生了电磁场。正是这使得我们的星球产生了南北磁极，以及延伸到太空的磁场。没有液体外核的固态行星，比如火星和月球，就没有磁场。事实证明，磁场非常重要。

证明外核具有流体性质的一个证据是，在过去 1 亿年间，地球磁场逆转了 200 次，也就是每 50 万年逆转一次。好像我们还没有足够的担心，但目前可能正在进入一个新的逆转阶段。在过去 200 年里，地球磁场的强度已经下降了 15%，而且该过程似乎正以每 10 年 5% 的增幅加速。这可不妙。地球磁场形成了范艾伦带，这是一个从太阳风中捕获而来的带电粒子组成的磁场，它在外逸层上方环绕着地球，就像一个以地球为中心的不可见的巨大甜甜圈。每根磁极线都从甜甜圈的洞中伸出来，出现极光时，洞的内边缘清晰可见。北极光是带电粒子从甜甜圈洞边缘滑下来所导致的，这也正是为什么从空间站的角度看，极光常常是环形的。

范艾伦带不仅是一个展示美丽的来源，它还起到了让有害的宇宙射线散射掉而非骤降在我们身上的作用，从这一点来说有点像臭氧层。如果范艾伦带磁场消失，对我们人类乃至整个地球生物DNA的影响，都可能是破坏性的。令人担忧的是，有证据表明，在南大西洋的非洲和南美洲之间的一个区域，地球磁场已经开始崩塌。

我们的中子星探测者终于到达了最后一层——内核。位于地球心脏的这个球体是由固态铁和镍构成的合金，它的外缘在我们脚下3200英里，它的中心就是地球的中心。据估计，此处温度最高可达6927℃，相当于太阳表面的温度，很长一段时间它都是这个样子。尽管事实上地球每秒通过地幔柱释放44万亿焦耳的热量，但地球物理学家们认为，在过去40亿年里，内核只冷却了约400℃。

这些地幔柱与漂移的大陆和自然隔离的二氧化碳的最终释放有最直接的联系。尽管二氧化碳的含量只占大气的0.04%，但它对于生命的重要性不是这个比例可以表示的。如果没有它和其他缓冲气体，比如甲烷和水蒸气，地球表面的平均温度将从目前的14℃下降到−19℃。显然，大气中二氧化碳的平衡是至关重要的，这就是深地幔的岩浆海洋发挥作用的地方了。

生命进程改变了地球本身的组成，这个影响一直延伸到我们脚下435英里处的下地幔。碳捕获，或正式的叫法是碳封存，最近常出现在新闻中。许多化石燃料发电厂正在使用一种先于二氧化碳释放进入大气之前便将其捕获的技术，他们把它压缩成液体，然后注入地下深处的地质构造中。大自然数十亿年来一直在做着同样的事情，而且规模更大。世界上巨大的石灰岩矿床就是规模惊人的碳封存。

石灰石是碳酸钙，它几乎完全由热带浅海的压缩沉积物组成——贝壳化石、珊瑚礁化石、藻类化石和鲕粒化石（在温暖海水中形成的小型碳酸钙球形晶体）。世界上相当著名的碳酸钙沉积物之一要数多佛白崖了，它们代表了白垩纪时期海洋中数百万年持久稳定的沉积，当时霸王龙还在陆地上行走，巨型沧龙还在海洋中游荡。

多佛白崖上 6 英寸见方的白垩能吸收超过 35 立方英尺的压缩二氧化碳。那么想想看，从 30 亿年前第一批叠层石开始沉积碳酸钙以来，地球上产生的所有石灰岩能吸收多少二氧化碳？为了更好地了解石灰岩的绝对质量，我们可以去巴哈马浅滩看看，它于 1.5 亿年前开始形成，就在非洲与北美大陆刚刚分离之后。

巴哈马不断增长的台地是地球上地震相当稳定的区域之一。恐龙在这里出现又消失，而同一时期的巴哈马群岛只是在热带浅海中默默地沉积着碳酸钙。一层一层又一层，这里的碳酸钙沉积到底有多深呢？“深海钻探计划”在 1970 年钻探了两个岩心。第一个钻孔在安德罗斯岛附近，深达 15600 英尺，而另一个钻孔在萨尔礁岩浅滩附近，深达 18906 英尺。两者都没有到达碳酸盐沉积物的底部，尽管它们确实到达了有约 1.4 亿年历史的白垩纪早期石灰岩的位置，那还只是巴哈马群岛而已。还有非常大量的海底沉积物已经俯冲到大陆板块之下，并携带着不计其数的碳封存。碳酸钙沉积物到达的位置比你想象的要深得多，事实上，火山偶尔会喷出一些线索，泄露其到底深为几许。

地质学家用“捕虏体”这个词来描述一个侵入物或岩石被困在另一块岩石（通常是岩浆）中的情况。捕虏体会被火山带到地表，通过分析它们，地质学家可以很好地了解地幔的情况。捕虏体有多种形式，但钻石是最著名的。有些非常特殊的钻石虽然在贸易中一文不值，但对地质学家来说却是无价之宝，因为它们包裹着侵入物——就像捕虏体中的捕虏体，其中包含着地表以下 435 英里深处原始未熔化的深地幔样品，里面一些样品含有水、碳甚至是海洋沉积物。

这些古代海床的遗迹已经有 30 亿年的历史。然而，比年龄更令人震惊的是它们对地球的渗透之深。深地幔曾经是由和太阳系其他行星相同的岩石组成的，但现在业已被生命本身改变了化学成分，只有核心还保持着原样。虽然花费了一些时间，但生命创造了大气层，迄今也重构了地球上近 1/4 的岩石物质。地球正处于被改造之中。

· 碰 撞 的 大 陆 ·

在一个大的时间尺度上，大陆下面的岩浆就像海洋一样，有旋涡、洋流、上升流甚至涡流。从某种意义上来说，大陆和云很像：正如大气既支撑又推动着云一样，地球内部的液态岩浆也支撑并推动着大陆。大陆漂浮在岩浆之筏上，被炽热深渊中来的急流和上升流所操控。所有大陆都有一个深埋在海底的基体，一直延伸到岩浆中，只有一个大陆除外。就像驳船水下部分的船体一样，这些基体的作用是捕捉岩浆的流动，并携带着大陆前进。

有时，当大陆在软流圈上颠簸时，另一个因素会干扰它们。这些因素是 375 ～ 500 英里宽的岩浆上升流，称为地幔柱。它们从 1800 英里深的 D 层升起，穿过地幔进入岩石圈，有时就像喷灯一样烧穿了岩石圈。地幔柱相对稳定。夏威夷岛链就是一个很好的例子，它是太平洋板块的一部分，正以每年 3 ～ 4 英寸的速度向西北偏西方向移动。夏威夷地幔柱形成了一个热点，偶尔会融穿地壳并爆发。火山的喷发物形成了一个岛屿，然后被板块运动带着走，这个过程会一直重复。还有一个更大的地幔柱潜伏在美国黄石国家公园下面，它也是老实泉[1]的热源。

有一个相当持久的地幔柱位于南太平洋留尼汪岛下面。1 亿年前，它引发的火山促成了冈瓦纳超大陆（包括了今天的南部大陆——南极洲、澳大利亚、南美洲、非洲和印度）的分裂。在与冈瓦纳超大陆分离后，它还烧掉了印度板块的底部。由于印度板块只有大多数大陆板块的一半那么厚，所以在软流圈的滑行速度更快，在不到 5000 万年的时间里就覆盖了冈瓦纳超大陆和欧亚板块之间 1900 英里的缝隙。其导致的冲撞非常了不得——作为世界上海拔最高的陆地，喜马拉雅山脉和青藏高原仍在不断抬升中。

随着这两大陆地板块继续互相挤压，并在蜗牛速度的大碰撞下发生着变形，它们对气候的影响也同样巨大。事实上，喜马拉雅山脉和青藏高原导致的印度季风甚至影响了远至澳大利亚的天气，这一季节性现象是世界上最大、最潮湿的季风。从 6 月到 9 月下旬的 4 个月里，它贡献了印度每年总降雨量的 80%，而且经常带来特大洪水。

整个循环的驱动力就是喜马拉雅山脉和青藏高原。当该地区在夏天升温时，会从印度洋甚至遥远的澳大利亚吸进潮湿的空气。这

---

1. 世界著名的大型间歇式热喷泉，每66分钟喷发一次，每次持续2～5分钟。因其规律十分稳定，故得名。

股流入是如此之强，以至于在紧随其后的季风下方形成了洋流。这些洋流实际上是水下的风，而非真正的洋流。每年它们都会从马尔代夫附近的深海中捞出浮游生物，在接下来几周内，数百条蝠鲼会聚集过来，进行惊人而优雅的疯狂捕食。洋流、风以及气候模式之间的关系相当紧密。科里奥利效应不仅会使风偏转，也会使洋流偏转，使得北太平洋和大西洋的大环流顺时针旋转，而南半球的大环流则逆时针旋转。这些环流是巨大的水流，能够将温暖和寒冷的海水调转数千英里，影响着大片区域的气候。大西洋湾流供养了苏格兰西海岸的棕榈树，而在南太平洋，秘鲁寒流往南美洲的西海岸输送着冷水。

· 厄尔尼诺现象 ·

首先提醒气象学家注意厄尔尼诺现象的是厄瓜多尔的渔民，他们说太平洋暖流有时会在圣诞节前后出现。厄瓜多尔的沿海水域通常是凉爽的，这是由营养丰富的秘鲁寒流带来的。浮游生物数量在这片冷水中激增，以它们为食的凤尾鱼也大量繁殖起来。但是，当厄尔尼诺洋流把温暖的海水带到南美洲西海岸时，凤尾鱼的数量就会剧减，从而影响到厄瓜多尔和秘鲁的渔民，同时所有以凤尾鱼为食的更大型的鱼类、海鸟和海豹也受到了影响。厄尔尼诺现象的影响并不局限于东太平洋地区。在过去几十年里，气象学家已经开始理解风的模式和洋流之间的复杂关系，并意识到厄尔尼诺现象的影响范围确实很广。

同样，这一切都取决于信风。通常它们会以稳定的速率从东向西穿过太平洋，将表层较暖的海水向西推往澳大利亚和印度尼西亚。这就迫使秘鲁寒流寒冷的深水涌向南美洲海岸，取代太平洋东部的暖流尾迹。但有时信风的强度会减弱，水温较高的区域不会以往常的速度向西推进，其结果就是该区域后退，直至南美洲。这就是厄尔尼诺现象。在厄尔尼诺年，随着连锁反应的扩散，秘鲁可能会发生洪水，而巴西、印度、澳大利亚和印度尼西亚则会经历干旱。北美东北部的冬天会更暖和，而南部会更潮湿。

拉尼娜现象则正好与厄尔尼诺现象相反：超过正常强度的信风将较冷的海水向西吹入赤道太平洋，降低了海洋的表层温度，并彻底改变了气候模式。它把干旱带给秘鲁，把洪水带给澳大利亚。厄尔尼诺和拉尼娜合称南方涛动。地球表面一半以上的天气模式都受到这个循环的影响，它展示了洋流如何与上方的空气混合，形成一个超级对流层，从最深的海沟底部一直延伸到大气平流层的边缘。

· 盖亚假说 ·

在研究和写作这本书的过程中，我更加全面地理解了海洋、大气和大陆这个广阔而相互关联的系统，以及它们是如何被火——地热和太阳辐射——激活的，我也震撼于生命对这些系统产生的影响。尽管在过去十亿年里，大气中气体的比例发生了剧烈的变化，但地球表面的温度一直维持在一个非常窄小的范围内。正是生命存在所需的范围。期间也有过几次冰期，甚至有过雪球地球，但每一次我们的星球都从中恢复了过来。此外，尽管河流携带的矿物沉积持续流入，海洋的盐度在数亿年里却一直不变。如果不考虑有机过程的影响，这些自调节常量很难解释。

根据詹姆斯·洛夫洛克（James Lovelock）的说法，数十亿年来，是生命调整了我们的大气层，是生命决定了海洋的盐度。他在1979年出版的《盖亚：地球生命的新视角》（*Gaia: A New Look at Life on Earth*）一书中阐述了他的理论，即生命过程如何与大气和海洋的非生物性领域不可分割地交织在一起。这个理论的灵感来自早些时候的1965年。

他后来回忆起那个时刻："我突然有了一个很棒的想法。地球大气是一种奇特而不稳定的混合气体，但我知道，它的组成在相当长一段时间内是不变的。那么，是不是因为地球上的生命不仅制造了大气层，而且还控制着它呢——使它保持在一个固定组成，并处于一个有利于生物体生存的水平上？"这是一个最初的尤里卡时刻[1]。

他把他的理论命名为盖亚假说（Gaia Hypothesis），以希腊传说中大地的人格化女神之名来命名。洛夫洛克的这套理论受到了一些科学家的挑战，他们称大气中的氮水平、地球的表面温度和海洋的盐度都与生命过程无关。这场辩论至今仍在继续。不过我认为，无论生命是不是在调节或维持着地球的表面温度或大气组成，承认生

1. 尤里卡的意思是"我发现了"。据说亚里士多德在浴缸里领悟到浮力定律的时候发出了这一声欢呼，从此有人把通过神秘灵感获得重大发现的时刻叫作"尤里卡时刻"。

命已经深刻地改变了所有这些过程就足够了。生命不仅是我们星球的表皮，它还融入了地球的地质脉动中；不仅使用着地球的表面，而且还塑造着它，以及它的海洋和大气。这是一个前所未有的事实，这事实超越了对自我调节的行星系统的任何吹毛求疵。承认这一点，就是承认生命本身的非凡力量。